# 断裂相场法
## Phase Field Method for Fracture

胡小飞　张　鹏　姚伟岸　著

科学出版社

北京

# 内 容 简 介

断裂破坏分析是结构安全性的核心问题之一。本书基于国内外断裂相场法研究基础及作者在该领域的研究成果,从脆性断裂相场模型入手详细阐述了相场法有关的基本概念以及有限元离散求解格式,重点介绍了内聚力裂纹和动态裂纹的相场模型,以及复合材料和多相材料渐进破坏过程分析的相场模型。另外,本书还提供了相场法在 ABAQUS 二次开发环境下的源代码,便于读者学习和参考。

本书既可作为从事断裂破坏问题研究的高等学校研究生、教师以及工程技术人员的参考书,也可作为力学及相关专业研究生的教学用书。

**图书在版编目(CIP)数据**

断裂相场法/胡小飞, 张鹏, 姚伟岸著. —北京: 科学出版社, 2022.6
ISBN 978-7-03-072407-6

I. ①断⋯ II. ①胡⋯②张⋯③姚⋯ III. ①断裂力学 IV. ①O346.1

中国版本图书馆 CIP 数据核字(2022)第 092490 号

责任编辑:刘信力 杨 探 / 责任校对:彭珍珍
责任印制:赵 博 / 封面设计:无极书装

科 学 出 版 社 出版

北京东黄城根北街 16 号
邮政编码:100717
http://www.sciencep.com

涿州市般润文化传播有限公司印刷
科学出版社发行 各地新华书店经销

*

2022 年 6 月第 一 版 开本:720×1000 B5
2024 年 8 月第三次印刷 印张:10 1/2
字数:207 000
**定价:98.00 元**
(如有印装质量问题, 我社负责调换)

# 作 者 简 介

胡小飞，男，1986 年生于安徽省芜湖市。大连理工大学工程力学系副教授。2008 年于大连理工大学本科毕业后，获得保送，直接攻读本校博士学位，师从姚伟岸教授，于 2012 年提前半年毕业，获得工学博士学位。2013 年~2014 年，供职于 Schlumberger，从事油气田工业软件的开发与维护，2015 年返回大连理工大学工程力学系担任讲师，并于 2015 年~2017 年赴新加坡国立大学机械工程系，作博士后研究，师从 Tay Tong-Earn 教授，其间从事复合材料渐进破坏的数值模拟研究。2017 年返回大连理工大学，于年底获破格提拔，晋升副教授。2017 年返校逾半年后，与博士生张鹏联合开展相场法的研究。已发表学术论文 70 余篇，其中 SCI 检索论文 60 余篇。

张鹏，男，1990 年生。2012 年于郑州大学工程力学系获得学士学位，后于大连理工大学工程力学系硕博连读，师从姚伟岸教授，于 2020 年获得工学博士学位。博士在读期间主要进行解析奇异单元及相场法等方面的研究，迄今共发表学术论文 14 篇，其中 SCI 检索论文 13 篇，发表在 *Composite Structures*、*International Journal of Mechanical Sciences*、*Engineering Fracture Mechanics* 等相关领域知名期刊上。

姚伟岸，男，1963 年生于辽宁省凤城市，1985 年毕业于辽宁大学计算数学专业，1988 年和 2005 年分别获得大连理工大学力学专业硕士和博士学位。曾任大连理工大学工程力学系副主任、工业装备结构分析国家重点实验室副主任、辽宁省力学学会副理事长，现为大连理工大学工程力学系教授。主要从事计算固体力学领域的有限元、边界元，以及有限元计算软件开发等方面的研究工作，已出版中英文专著各一部，发表论文 170 余篇，2010 年获国家自然科学奖二等奖。

# 序

由于裂纹尖端应力奇异性的存在，常规的有限元法难以获得满意的精度，这为材料断裂破坏过程的数值模拟带来了挑战，断裂问题的数值方法研究也因此获得了广泛的关注，且在近二十余年依然在计算力学研究领域受到广泛关注，其中较为著名的方法有扩展有限元法和断裂相场法。在时间顺序上，扩展有限元法早于相场法。然而，作者在他们的研究实践中发现，扩展有限元法不便处理多裂纹交叉现象，且在三维问题中面临着裂纹路径追踪的困难，在面对复杂破坏过程时有其局限性。相比之下，相场法无须追踪裂纹路径，且可便捷地捕捉裂纹分叉、交叉等一系列复杂的破坏过程，因此值得进一步发展。到 2021 年为止，扩展有限元法的研究热度已基本消退，而相场法的研究正处于快速发展期。显然，在此时出版相场法的专著对于推动计算断裂力学的发展很有意义。

该书的特点之一是对相场法的基础理论进行了系统的总结，提供了详尽的理论推导过程。在第 3 章，作者从裂纹面弥散的概念开始，依次介绍了 Francfort-Marigo 变分原理、相场法基本方程、有限元列式以及非线性方程迭代求解格式。从而让读者从基础理论开始，一步一步地了解并熟悉相场模型的形成过程。在第 4 章和第 5 章，作者对利用相场法考虑内聚力裂纹和动态裂纹的方法进行了系统的推导。这些详细的理论推导可以帮助读者掌握相场法的基本理论。

作为一本学术专著，该书的另一个特点是将作者近年来的研究成果进行了梳理和归纳。作者在第 5 章介绍了相场法的精细积分求解格式，在第 6、7 章讨论了如何将相场法应用到复合材料、多相材料的破坏分析中。在第 8 章，作者详尽地介绍了相场法在 ABAQUS 二次开发环境下的编程步骤，且提供了源代码。这些内容既有助于读者了解相场法的研究前沿，也为读者使用这一方法解决可能面临的问题提供了基本的工具。

该书作者胡小飞、张鹏、姚伟岸从事断裂力学方面的研究已有多年，经历了开发一类适用于静态、动态、黏弹性、传热等诸多裂纹问题的裂尖奇异单元后，他们在相场法的研究中发表了多篇高水平期刊论文，撰写了相场法在复合材料中应用的英文综述，以及该书。在当下相场法的研究方兴未艾，且国内还没有一本相关专著的情况下，该书的出版是十分及时的。

程耿东

中国科学院院士

2021 年 12 月于大连理工大学

# 前　言

在对工程问题的研究中，断裂破坏现象始终是一个不可忽视的话题。结构内大尺寸的裂纹往往会导致灾难性的后果，因此对于断裂过程的分析与模拟一直以来都是力学界与工程界关注的热点问题之一。1921 年 Griffith 研究了脆性材料的断裂行为，他认为裂纹是材料中晶体界面相互脱黏的宏观表现形式，并且裂纹单位面积所具有的能量等于裂纹演化单位长度所需的能量，即裂纹临界能量释放率。首次建立了结构中变形能与断裂能之间的关系，为线弹性断裂力学奠定了基础。随着力学与数学方法的进一步发展，断裂力学理论的研究逐渐集中于裂纹尖端处的渐进场，如应力强度因子理论等，以及非线性断裂问题。这些研究逐步扩大了断裂力学分析的适用范围，使之能够更好地服务于工程实际。

事实上 Griffith 理论的基本假设是认为脆性裂纹的演化是变形能与断裂能之间竞争的结果，只要额外能量大于材料断裂的临界能量释放率，裂纹就会演化。1998 年 Francfort 和 Marigo 根据 Griffith 的假设提出了一种新的断裂力学变分原理。他们认为结构内的总能量为变形能与断裂能之和，并且真实的位移场和裂纹集合使得该总能量最小。该变分原理直接将断裂问题转化为了一个优化问题，它改变了以往断裂力学分析中聚焦于裂纹尖端局部的传统，给出了一个着眼于全局能量的求解方法。因此，该理论可以天然地描述和处理裂纹的分叉、交叉、融合等复杂的断裂过程，而不需要额外的断裂准则。断裂力学相场模型，作为目前最好的用于数值实现 Francfort-Marigo 变分原理的方法，则进一步地采用弥散的形式来描述裂纹，使得断裂问题转化为多个连续场耦合的问题，回避了以往方法中需要对结构内非连续场进行描述以及裂纹追踪的问题。

断裂力学的相场模型与传统的考虑显式裂纹路径的方法存在着本质差别，其直接着眼于全局能量的求解方法可以直接推广到结构模型更加多样化、裂纹路径更加复杂的工程实际问题当中。相场模型针对不同断裂问题的求解过程是完全相同的，只是由于相场函数的分布特点，有限元求解过程中通常需要采用较密的网格，并且总能量的非凸性也给寻找全局最优解带来了一些麻烦。不过这些与求解相关的问题都能通过现有商业软件的二次开发平台，比如 ABAQUS 用户定义子函数 Subroutines，以及一些特殊算法加以缓解。

本书的宗旨是向读者较为系统地介绍断裂力学的相场模型。首先，通过对断裂问题的讨论，引入了一些断裂力学中较为常用的基本概念和数值求解方法，为读者做一个基本概念的引导，以便于掌握相场模型的研究基础，不过由于本书侧重点不同，这部分并不会进行展开介绍。然后，详细介绍了用于脆性断裂、内聚力裂纹断裂、动态裂纹断裂和复合材料断裂的相场模型，并且针对不同的断裂问题给出了典型的数值算例。这部分内容涉及颇广，基本涵盖了近十几年经典相场模型的发展以及作者在相关方面的研究进展。本书从整体上来看由浅入深，从断裂力学基本概念、经典相场模型逐渐引入到用于更加复杂的模型，有助于读者理解相场模型发展过程以及不同假设对于模型的影响，进而更加全面地掌握和使用相场模型。

　　本书的特点是，虽然所介绍的模型具有较新的理论和较为先进的处理能力，但是对读者的数学以及编程能力的需求并不深。书中的推导只涉及了大学微积分、矩阵代数以及泛函变分的一部分内容。同时本书提供了相场模型的有限元程序，该程序是基于商业软件 ABAQUS 二次开发的 UEL 程序，它可以直接在安装了 ABAQUS 二次开发环境的计算机上运行，为读者快速理解相场模型的模拟过程提供了一个良好的事例。该子程序借助了 ABAQUS 全面的前处理模块和高效的非线性求解器，使读者可以在该程序的基础上快速地开发科研中的相关代码，同时也可以利用该程序解决一些简单的工程问题。

　　在本书的写作过程中，还得到了闵朗、马勇川、王子豪、姚鸿骁、付强、徐慧倩、黄翔宇、李嘉蹊、王瞳和葛庆海同学的大力协助。此外，本课题组其他同学也对书稿的顺利完成做了一定的贡献。

胡小飞　张　鹏　姚伟岸

2021 年 10 月于大连理工大学

# 主要符号表

| 符号 | 代表意义 | 单位 |
|---|---|---|
| $E$ | 杨氏模量 | N / m$^2$ |
| $d$ | 裂纹相场 | — |
| $F_d$ | 相场演化驱动力 | N / m$^2$ |
| $\boldsymbol{f}$ | 体力密度 | N / m$^3$ |
| $G_c$ | 临界能量释放率 | N / m |
| $H$ | 应变能密度函数历史最大值 | N / m$^2$ |
| $l_0$ | 相场特征宽度 | m |
| $\boldsymbol{n}$ | 边界外法线方向单位向量 | — |
| $\bar{\boldsymbol{t}}$ | 给力边界上的已知外力 | N / m$^2$ |
| $\boldsymbol{u}$ | 位移场向量 | m |
| $\bar{\boldsymbol{u}}$ | 给定位移向量 | m |
| $\gamma$ | 裂纹面密度函数 | m$^{-1}$ |
| $\Gamma$ | 离散裂纹面集合 | m$^2$ |
| $\Gamma_l$ | 弥散裂纹面集合 | m$^2$ |
| $\boldsymbol{\varepsilon}$ | 应变张量 | — |
| $\tilde{\boldsymbol{\varepsilon}}$ | 应变的向量形式 | — |
| $\lambda, \ \mu$ | 拉梅常量 | N / m$^2$ |
| $\rho$ | 材料质量密度 | kg / m$^3$ |
| $\boldsymbol{\sigma}$ | 名义应力张量 | N / m$^2$ |
| $\hat{\boldsymbol{\sigma}}$ | 真实应力张量 | N / m$^2$ |
| $\tilde{\boldsymbol{\sigma}}$ | 名义应力的向量形式 | N / m$^2$ |
| $\nu$ | 泊松比 | — |
| $\psi$ | 名义应变能密度函数 | N / m$^2$ |
| $\hat{\psi}$ | 真实应变能密度函数 | N / m$^2$ |
| $\omega$ | 材料退化函数 | — |
| $\Omega$ | 计算区域 | — |
| $\partial\Omega$ | 区域 $\partial\Omega$ 的边界 | — |
| $\partial\Omega_u$ | 给定位移边界 | — |
| $\partial\Omega_t$ | 给力边界 | — |

# 目 录

# 第 1 章 绪 论

在工程问题的研究历史中，断裂破坏现象始终是一个不可忽视的话题。总的来说，导致工程材料发生永久破坏的原因大致可分为两类，即塑性变形和断裂。塑性变形通常发生在材料内部应力超过屈服极限后的阶段，而断裂则会使材料裂成几个部分。在断裂力学发展之前，对于断裂问题的研究几乎完全依赖于唯象方法，然而通过应力或应变的概念所建立的强度准则的可靠性并不高。虽然当裂纹比较小的时候这类准则也具有一定的精度，但是当裂纹尺寸较大，裂纹尖端应力场具有显著的梯度变化时，这些基于应力或应变的准则几乎完全失去作用，甚至出现了名义应力远小于强度应力时就发生破坏的现象。因此，一些相应的工程设计就存在显著的隐患。一个著名的例子就是第二次世界大战 (简称二战) 时期美国的 "自由舰" 事件。自由舰是美国在二战时期建造的命名为 "自由" 的大型海军货轮 [1](图 1-1)，由于其造价低廉且施工简单，因此在美国大批量建造，在 1941~1945 年内共建造了约 2710 艘，被认为是美国在二战时期工业水平的一个象征。然而，自由舰在服役期间却出现了严重的脆性破坏。二战期间，美国约有 100 艘自由舰发生了严重的舰艇断裂事故，甚至约有 10 艘在无征兆的情况下断成两截 [2]。究其原因，是较低的温度导致船体使用的钢铁脆化，更容易引起裂纹的起裂和扩展。其中，船体的建造中采用了大量的焊接技术，使得钢板被有效地连接在一起，为裂纹持续扩展提供了可能。除此之外，船体的设计并未有效避免应力集中等问题，这也导致了裂纹更易起裂。

图 1-1　2000 年拍摄的当时现存的 "SS JOHN W. BROWN" 号自由舰 [1]

历史上一系列断裂事故的不断发生，引起了人们对相关问题的研究，并最终发展出来了一套断裂力学理论。断裂力学的基石是弹性裂纹尖端场展开解，利用该解，最早提出了两类断裂准则，即应力强度因子准则和能量释放率准则。通过裂纹尖端解可以发现，裂纹尖端的应力是无限大的，并且具有很高的梯度。因此，断裂力学认为不应用应力作为准则，而应该使用表征应力状态的量——应力强度因子来判断裂纹是否会起裂。能量释放率准则是基于结构整体能量平衡发展而来的，即产生新的裂纹表面所需的能量为结构减少的势能。随着断裂力学的发展，人们开始使用一种内聚力模型来表征裂纹的扩展。最早的内聚力模型为 Dugdale 模型 [3]，该模型认为在真实的裂纹前端还存在着一段虚拟裂纹，虚拟裂纹受到原子力的黏聚作用，在虚拟裂纹的尖端应力强度因子为零，也就在理论上避免了应力奇异性这一在物理上无法解释的现象。除了内聚力模型，人们还发展了损伤理论来减小断裂力学的求解难度。

## 1.1　断裂问题一般求解方法

在断裂力学形成以后，人们逐渐接受了使用应力强度因子等作为判据进行结构的设计。随后，学者对一系列断裂问题展开了求解，并且获得了一些典型问题相应的应力强度因子解析解或近似解，并整合成为《应力强度因子手册》，通过手册可以直接查询，便于设计。然而，能够得到解析解或近似解的含裂纹问题仅限于标准结构，如矩形板中心裂纹、无限大板中心裂纹、无限大板中的周期裂纹等。随着设计目标变得更加复杂，这些完美裂纹构型的解析解或近似解已经不能满足实际需求了，需要对更加复杂的结构几何形状、非标准的裂纹构型和复杂的受力状态进行分析，得到更加符合实际工况的裂纹尖端应力强度因子。这也促进了裂纹问题的数值求解以及相应的计算方法理论的发展。

目前，比较常见的裂纹问题的数值分析方法包括：奇异单元法和内聚力单元法等，但是这类方法往往需要预先知道裂纹的路径，以及需要在裂纹面或者裂纹尖端放置特殊的单元，以考虑结构内因裂纹存在而导致的非连续场，而这些要求增加了此类方法对断裂过程模拟的难度。为了能够更加方便、有效地模拟裂纹的任意扩展过程，国内外的研究者们提出了多种更加先进的数值方法，其中最具代表性的就是扩展有限元法 (XFEM)，这类方法一般采用增加额外自由度的方式考虑单元内的非连续场，因此避免了模拟裂纹扩展时网格重构的问题。不过需要注意的是，此类方法往往需要对裂纹的路径进行追踪，以确定加强单元的位置，这就给模拟复杂裂纹问题带来了较大的挑战，并且此类方法还很难处理裂纹分叉以及多条裂纹交叉等情况。另一方面，损伤力学则另辟蹊径，假设材料的断裂破坏可以表示为一部分材料的软化，通过损伤因子的概念来衡量材料软化的程度。损伤力学是基于连续介质力学发展而来的，在有限元模拟的过程中，不需要重新划分网格，计算方便，而且实现的难度几乎不随裂纹的复杂程度增大而增加。但是，传统的损伤模型也有一些缺点，比如网格相关性强、理论不严密等。近年来，一类断裂问题的相场法得到发展。本质上来说，该方法也属于损伤模型，但克服了原有损伤模型的一些缺点，具有很好的研究和实用价值。

## 1.2  断裂力学的相场模型

1998 年 Francfort 和 Marigo 根据 Griffith 脆性断裂理论，提出了一种断裂力学变分原理 [4]，他们以结构内可能的位移场和裂纹面集合作为自变量，将变形能与断裂能之和定义为结构总能量，并且认为真实的位移场与裂纹面使得该总能量最小。然而在数值模拟中将离散的裂纹面作为未知量来求解是非常困难的，因此 2000 年 Bourdin 等提出了一种相场模型，其中引入了一个连续的标量场，即相场，来近似地描述裂纹。相场值为 1 和 0 分别代表材料完全破坏和完好两种极限状态，而它们之间的值代表了一种损伤状态，并且裂纹的弥散程度由相场特征宽度来控制，其值越大弥散宽度越大，反之则越小。然后通过一个与相场相关的裂纹面密度泛函来重构结构内的断裂能，并将因损伤而退化的变形能与重构的断裂能代入 Francfort-Marigo 变分原理就得到了相场模型的基本列式。相场模型中的自变量为两个连续变化的场，即位移场和相场，因此它可以很方便地由不同数值方法实现，本书主要介绍的是相场模型在有限元法框架下的数值求解。直观来看，相场模型将一个结构内裂纹萌生与演化问题，转化为了一个多场耦合情况下求最小能量的优化问题，因此它可以用于直接求解 (例如分叉、交叉、融合、扭结等) 复杂断裂问题，而不需要额外的裂纹路径追踪方法。

Francfort-Marigo 变分原理是基于 Griffith 脆性断裂理论而形成的，这就使得最初的相场模型在模拟断裂问题时，自动隐含了一种基于临界能量释放率的破坏准则。这在处理一些复杂多裂纹情况中是非常有利的，但是需要注意的是这种特性也使得相场模型很难再考虑其他类型的破坏准则，限制了其在准脆性材料、复合材料等问题中的应用。因此在过去的十几年中如何将相场模型推广到此类问题中就是相关领域研究的一个热点问题。另外，相较于直接采用 Francfort-Marigo 变分原理，相场模型的一个突出的优点就是它引入了一个连续变化的相场来近似描述裂纹构型，避免了在数值模拟时求解一个离散的裂纹集合的问题。但是这就需要相场的宽度尽可能小，并且在相场值为 1 处，其沿宽度方向上的梯度尽可能大，有研究表明，当相场宽度趋向于零时，相场模型等价于 Griffith 脆性断裂理论 [5]。为了在有限元模拟中尽可能准确地描述相场的梯度，一般要求潜在断裂区域内的网格尺寸小于 1/2 倍甚至 1/5 倍的相场特征宽度。相场模型的这一要求使得它在模拟中往往需要非常稠密的网格，极大地增加了模拟时间。此外，相场模型为一个高度非线性系统，其中位移场和相场是相互耦合的，并且 Francfort-Marigo 变分原理所定义的总能量一般是非凸的，这就使得在它的求解中很难得到全局收敛解，因此一些文献中建议采用一种交错求解格式求其局部最优解 [5,6]。需要注意的是，虽然这种求解格式提高了模拟的收敛性与稳定性，但是它往往需要非常多的迭代次数，结合较密的有限元网格，使得相场模拟的效率非常依赖于其数值实现平台。并且，Francfort-Marigo 变分原理是 Griffith 脆性断裂理论的一种较为合理的数学描述，因此它不可避免地继承了 Griffith 理论的一些缺点，比如不能考虑材料断裂强度的影响。这个缺点在一些传统的相场模型中 [7,8] 表现为预测的结构最大承载能力不准确。一些学者发现，在传统脆性材料的相场模型中，模拟的结构最大承载力与相场特征宽度的取值相关，因此可以通过确定特征宽度的合理取值来解决相场法的这个理论缺点。研究发现，相场特征宽度的合理取值可通过材料破坏强度、杨氏模量等物理属性计算出来 [9,10]，由此可在一定程度上正确预测结构/材料的最大承载能力。然而，对于不同的材料，其属性往往具有较大的差异。在一些材料中，如碳纤维增强型复合材料，经材料属性计算出来的相场特征宽度可能会非常大，进而导致模拟失败。在对断裂力学相场模型的学习与研究中，这些都是读者需要特别关注的问题。

　　本书将从断裂力学的基础出发，介绍有关的相场模型及其应用。第 2 章中简要介绍了线弹性断裂力学中的基本概念以及现有的一些较为常用的断裂数值模拟方法。第 3 章详细介绍了传统用于脆性材料破坏的相场模型。为了帮助首次接触相场模型的读者能够更快地理解相关内容，本章按照相场函数的定义、裂纹面密度泛函和 Francfort-Marigo 变分原理的顺序逐渐由浅入深，具体地解释了相场模型的基本假设和理论。同时本章中还给出了相场模型相关的有限元列式，以及求解非线性方程组所采用的迭代格式。第 4 章介绍了用于模拟内聚力裂纹的相场模型。对在传统相场模型的基础上如何考虑特定内聚力关系的过程做了详细介绍，展示了该模型实现不同内聚力关系的理论基础。第 5 章介绍了模拟动态裂纹的相场模型。相对于准静态问题，该模型需要考虑惯性力的影响，并且本章详细介绍了不考虑相场黏滞力和考虑相场黏滞力的模型，给出了相场数值求解时所采用的显式积分格式。相比于隐式求解，该显式格式不需要进行迭代，并且省去了内存中大量的矩阵运算，因此可以节省模拟时间。第 6 章介绍了一种用于模拟纤维增强复合材料破坏的修正各向异性相场模型。相较于各向同性破坏的相场模型，该模型中通过引入一个结构张量来考虑断裂属性的方向性，并且对驱动破坏演化的相场驱动力进行了修改以能够更加准确地描述裂纹的扩展过程。第 7 章介绍了模拟多相材料破坏的双相场模型，其中一种相场用于弥散材料界面，另一种相场用于弥散裂纹。第 8 章将相场法在商业软件 ABAQUS 二次开发环境中的程序实现方式做了介绍，并附上相应相场模型的 UEL 代码以及相应模型信息文件，以帮助读者能够更快地理解相关理论，以及用于具体的断裂问题的数值模拟。本书第一作者和合作者撰写了相场法的综述文章 [11]，感兴趣的读者可以参阅。

# 参 考 文 献

[1] Liberty ship. Wikepedia, https://en.wikipedia.org/wiki/Liberty_ship#cite_ref-9.[2021. 12.12]

[2] Sun C T, Jin Z H. Fracture Mechanics. New York: Academic Press, Elsevier, 2012.

[3] Dugdale D S. Yielding of steel sheets containing slits. Journal of the Mechanics & Physics of Solids, 1960, 8: 100-104.

[4] Francfort G A, Marigo J J. Revisiting brittle fracture as an energy minimization problem. Journal of the Mechanics & Physics of Solids, 1998, 46: 1319-1342.

[5] Miehe C, Welschinger F, Hofacker M. Thermodynamically consistent phase-field models of fracture: Variational principles and multi-field FE implementations. International Journal for Numerical Methods in Engineering, 2010, 83: 1273-1311.

[6] Zhang P, Hu X F, Wang X Y, Yao W A. An iteration scheme for phase field model for cohesive fracture and its implementation in Abaqus. Engineering Fracture Mechanics, 2018, 204: 268-287.

[7] Pham K, Amor H, Marigo J J, Maurini C. Gradient damage models and their use to approximate brittle fracture. International Journal of Damage Mechanics, 2011, 20: 618-652.

[8] Tann'e E, Li T, Bourdin B, Marigo J J, Maurini C. Crack nucleation in variational phase-field models of brittle fracture. Journal of Mechanics and Physics of Solids, 2018, 110: 80-99.

[9] Quintanas-Corominas A, Reinoso J, Casoni E, Turon A, Mayugo J A. A phase feld approach to simulate intralaminar and translaminar fracture in long fiber composite materials. Composite Structures, 2019, 220: 899-911.

[10] Zhang X, Vignes C, Sloan S W, Sheng D. Numerical evaluation of the phase-feld model for brittle fracture with emphasis on the length scale. Computational Mechanics, 2017, 59: 737-752.

[11] Bui T Q, Hu X F. A review of phase-field models, fundamentals and their applications to composite laminates. Engineering Fracture Mechanics, 2021: 107705.

# 第 2 章　断裂力学基本公式

根据受力和变形的特点，弹性体裂纹一般可划分为三种基本类型：I 型裂纹，也称为张开型裂纹，其裂纹表面位移垂直于裂纹的扩展方向，如图 2-1(a) 所示，I型裂纹是工程上常见的裂纹形式；II 型裂纹又称为滑开型裂纹，如图 2-1(b) 所示，裂纹上下表面位移彼此相反，一个沿着裂纹扩展方向，另一个背离扩展方向；III型裂纹又称为撕开型裂纹，如图 2-1(c) 所示，裂纹上下表面产生向面外方向相反的位移。

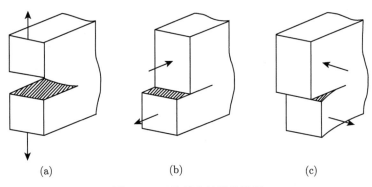

(a)　　　　　　　(b)　　　　　　　(c)

图 2-1　三种基本的裂纹模型

在实际工程问题中，结构的几何形状和载荷情况是复杂的，裂纹的形状及其扩展方向受到应力分布的影响，裂纹问题往往并非属于某一种裂纹类型，而是复合型的。例如，压力容器的内壁表面裂纹与轴向呈夹角时，这种裂纹在内压作用下属于 I/II 复合型。一旦该裂纹穿透压力容器，则变成了 I/II/III 复合型混合裂纹。

在断裂过程中，裂纹尖端不断扩展同时形成新的裂纹表面，这一过程伴随着能量的释放。由于裂纹尖端应力奇异性的现象，一般不使用应力值作为判断裂纹起裂及扩展的参数，而是使用应力强度因子、能量释放率等断裂参数。因此，早期的断裂力学研究主要集中在确定裂纹尖端附近的断裂参数上。

## 2.1　线弹性力学基本方程

在断裂力学的分析中，经常要用到弹性力学的基本方程，关于它们的详细推导过程可以从众多弹性力学相应著作中查到 [1]。本章只列出有关的基本方程，并给出主要符号的定义，以方便后面章节的阅读。同时，采用了张量与矩阵等不同表示方式。对于张量运算 [2]，符号 "$\nabla$" 表示梯度运算，符号 "$\cdot$" 表示点积运算，符号 "$:$" 表示张量的双点积运算，符号 "$\otimes$" 表示并矢 (张量积) 运算，符号 "$\nabla\cdot$" 表示张量的左散度运算。

弹性体在载荷作用下可产生位移 $\boldsymbol{u}$，它是一阶张量，在三维笛卡儿坐标系 $\boldsymbol{x} = [x\ y\ z]^{\mathrm{T}}$ 中，它由三个分量组成：

$$u, \ v, \ w \tag{2-1}$$

位移也可以写成向量形式：

$$\boldsymbol{u} = [u\ v\ w]^{\mathrm{T}} \tag{2-2}$$

而弹性体内任意一点的应力 $\boldsymbol{\sigma}$ 和应变 $\boldsymbol{\varepsilon}$ 都是二阶张量，在三维笛卡儿坐标系 $\boldsymbol{x} = [x\ y\ z]^{\mathrm{T}}$ 中，它们可用分量表示为

$$\boldsymbol{\sigma} = \left\{ \begin{array}{ccc} \sigma_x & \tau_{xy} & \tau_{xz} \\ \tau_{yx} & \sigma_y & \tau_{yz} \\ \tau_{zx} & \tau_{zy} & \sigma_z \end{array} \right\} \tag{2-3}$$

和

$$\boldsymbol{\varepsilon} = \left\{ \begin{array}{ccc} \varepsilon_x & \dfrac{1}{2}\gamma_{xy} & \dfrac{1}{2}\gamma_{xz} \\[2mm] \dfrac{1}{2}\gamma_{yx} & \varepsilon_y & \dfrac{1}{2}\gamma_{yz} \\[2mm] \dfrac{1}{2}\gamma_{zx} & \dfrac{1}{2}\gamma_{zy} & \varepsilon_z \end{array} \right\} \tag{2-4}$$

且它们都是对称张量，即满足：

$$\tau_{xy} = \tau_{yx}, \quad \tau_{xz} = \tau_{zx}, \quad \tau_{yz} = \tau_{zy} \tag{2-5}$$

和

$$\gamma_{xy} = \gamma_{yx}, \quad \gamma_{xz} = \gamma_{zx}, \quad \gamma_{yz} = \gamma_{zy} \tag{2-6}$$

因此，应力和应变分量中只有六个是独立的。对于应力，它们是 $\sigma_x$, $\sigma_y$, $\sigma_z$, $\tau_{xy}$, $\tau_{yz}$, $\tau_{zx}$，其中 $\sigma_x$, $\sigma_y$, $\sigma_z$ 为正应力，$\tau_{xy}$, $\tau_{yz}$, $\tau_{zx}$ 为剪应力。对于应变，它们是 $\varepsilon_x$, $\varepsilon_y$, $\varepsilon_z$, $\gamma_{xy}$, $\gamma_{yz}$, $\gamma_{zx}$，其中 $\varepsilon_x$, $\varepsilon_y$, $\varepsilon_z$ 是正应变，$\gamma_{xy}$, $\gamma_{yz}$, $\gamma_{zx}$ 是剪应变。由于独立的分量只有 6 个，因此一点的应力状态和应变状态也常用向量形式分别表示为

$$\tilde{\boldsymbol{\sigma}} = [\sigma_x\ \sigma_y\ \sigma_z\ \tau_{xy}\ \tau_{yz}\ \tau_{zx}]^{\mathrm{T}} \tag{2-7}$$

和

$$\tilde{\boldsymbol{\varepsilon}} = \begin{bmatrix} \varepsilon_x \ \varepsilon_y \ \varepsilon_z \ \gamma_{xy} \ \gamma_{yz} \ \gamma_{zx} \end{bmatrix}^{\mathrm{T}} \tag{2-8}$$

弹性体内的基本方程包括:

(1) 平衡方程:

$$\nabla \cdot \boldsymbol{\sigma} + \boldsymbol{f} = 0 \tag{2-9}$$

其中, $\boldsymbol{f}$ 为给定的体力向量, 它也由三个分量组成:

$$\boldsymbol{f} = \begin{bmatrix} f_x \ f_y \ f_z \end{bmatrix}^{\mathrm{T}} \tag{2-10}$$

(2) 几何方程:

$$\boldsymbol{\varepsilon} = \frac{1}{2} \left[ \nabla \boldsymbol{u} + (\nabla \boldsymbol{u})^{\mathrm{T}} \right] \tag{2-11}$$

(3) 本构方程:

$$\boldsymbol{\sigma} = \boldsymbol{D} : \boldsymbol{\varepsilon} \tag{2-12}$$

其中, $\boldsymbol{D}$ 为材料的弹性张量, 是一个四阶张量。

此外, 还有边界条件。弹性问题通常有下面两类边界条件, 分别是给定位移边界条件:

$$\boldsymbol{u} = \bar{\boldsymbol{u}}, \ 在 \partial \Omega_u 上 \tag{2-13}$$

和给力边界条件:

$$\boldsymbol{\sigma} \cdot \boldsymbol{n} = \bar{\boldsymbol{t}}, \ 在 \partial \Omega_t 上 \tag{2-14}$$

其中, $\bar{\boldsymbol{u}}$ 为给定位移边界上的已知位移向量, $\bar{\boldsymbol{t}}$ 为给力边界上的已知外力向量。

## 2.2   裂纹尖端应力场

在二维问题中, 裂纹尖端的应力场通常在极坐标系下描述。如图 2-2 所示, 极坐标系 $(r, \theta)$ 以裂纹尖点为原点, 与此同时, 定义直角坐标系 $(x, y)$, $x$ 轴沿着裂纹面方向, $y$ 轴垂直于裂纹面方向。

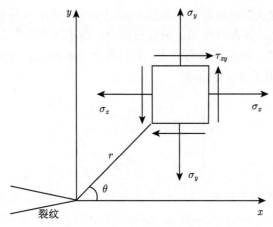

图 2-2 平面裂纹问题的坐标系

人们发现，通过 Westergaard 应力函数法等方法，可以解析地推导给出裂纹尖端应力场的表达式。在裂纹尖端附近区域，奇异的应力场可以用应力强度因子表示出来。

对于平面 I 型裂纹，裂纹尖端区域奇异应力场为

$$\begin{cases} \sigma_x = \dfrac{K_{\mathrm{I}}}{\sqrt{2\pi r}} \cos\dfrac{\theta}{2} \left(1 - \sin\dfrac{\theta}{2} \sin\dfrac{3\theta}{2}\right) \\ \sigma_y = \dfrac{K_{\mathrm{I}}}{\sqrt{2\pi r}} \cos\dfrac{\theta}{2} \left(1 + \sin\dfrac{\theta}{2} \sin\dfrac{3\theta}{2}\right) \\ \tau_{xy} = \dfrac{K_{\mathrm{I}}}{\sqrt{2\pi r}} \cos\dfrac{\theta}{2} \sin\dfrac{\theta}{2} \cos\dfrac{3\theta}{2} \end{cases} \tag{2-15}$$

式中，$\sigma_x$，$\sigma_y$ 和 $\tau_{xy}$ 为应力分量，$K_{\mathrm{I}}$ 称为应力强度因子，它是衡量裂纹尖端区应力场强弱的重要参量，下标 I 表示为 I 型裂纹。对于 I 型裂纹，裂纹尖端附近奇异的应力状态关于裂纹及其延长线是对称的，且在该对称轴上只有正应力，剪应力为零。

类似地，平面 II 型裂纹尖端区域奇异应力场也可以由 II 型应力强度因子 $K_{\mathrm{II}}$ 表示为

$$\begin{cases} \sigma_x = \dfrac{K_{\mathrm{II}}}{\sqrt{2\pi r}} \sin\dfrac{\theta}{2} \left(2 + \cos\dfrac{\theta}{2} \cos\dfrac{3\theta}{2}\right) \\ \sigma_y = \dfrac{K_{\mathrm{II}}}{\sqrt{2\pi r}} \sin\dfrac{\theta}{2} \cos\dfrac{\theta}{2} \cos\dfrac{3\theta}{2} \\ \tau_{xy} = \dfrac{K_{\mathrm{II}}}{\sqrt{2\pi r}} \cos\dfrac{\theta}{2} \left(1 - \sin\dfrac{\theta}{2} \sin\dfrac{3\theta}{2}\right) \end{cases} \tag{2-16}$$

对于 II 型裂纹，裂纹尖端附近的奇异应力场中正应力关于 $\theta$ 是反对称的，剪应力则是对称的。因此，其在对称轴上只有剪应力，而正应力为零。

关于 III 型裂纹，在反平面假设下，只存在两个剪应力，奇异的应力场可以使用 III 型应力强度因子 $K_{III}$ 表示为

$$\begin{cases} \tau_{zy} = \dfrac{K_{III}}{\sqrt{2\pi r}} \cos\dfrac{\theta}{2} \\ \tau_{zx} = -\dfrac{K_{III}}{\sqrt{2\pi r}} \sin\dfrac{\theta}{2} \end{cases} \tag{2-17}$$

其 III 型裂纹的奇异应力场中，$\tau_{zy}$ 关于 $\theta$ 是对称的，而 $\tau_{zx}$ 关于 $\theta$ 是反对称的。

由公式 (2-15)~(2-17) 可以发现，当应力强度因子 $K_{I}$、$K_{II}$ 和 $K_{III}$ 已知时，可通过线性叠加法确定裂纹尖端附近奇异的应力状态，而应力强度因子的具体数值则与外界的载荷和约束等因素有关。对于裂纹尖端附近较小的区域，只用应力强度因子来描述应力场是较为精确的，这样的区域又称为 $K$ 主导区。对于远离裂纹尖端的区域，则需要引入高阶场。当 $r \to 0$ 时，即接近裂纹尖点的位置，应力分量将趋于无穷大，这种特性称为应力奇异性。本质上，产生应力奇异性的原因可能是裂纹端点几何上的突变点。除裂纹外，切口问题也存在应力奇异性。

## 2.3　裂纹扩展的判据

从数学上看，只要载荷引起任意大小的应力强度因子，裂纹尖端应力就趋于无穷大。而按照传统的强度观点，没有任何材料能够承受无穷大的应力，其产生的原因主要是采用了线弹性模型。事实上，裂纹尖端很小的区域内材料将产生塑性变形，其真实的应力并非无穷大。由于仅有局部非常小的区域进入塑性，因此仍可采用线弹性模型来求解。根据上述裂纹尖端附近应力场的特点来看，无法用应力值作为参量来判断结构是否安全。裂纹在什么条件下会产生失稳断裂呢？Irwin 在 20 世纪 50 年代提出了应力强度因子的概念，将早期由 Griffith 开创的断裂力学进一步发展并形成了线弹性断裂力学的框架。由于裂纹尖端区的应力、应变、位移和应变能密度均可以由应力强度因子来表示，因此应力强度因子可以作为表征裂纹尖端应力-应变场强度的重要参数。

对于脆性材料，裂纹失稳扩展的判据可以表示为

$$K = K_c \tag{2-18}$$

式中，$K_c$ 表示临界应力强度因子，也称为材料的断裂韧度，是材料属性，包括 $K_{Ic}$，$K_{IIc}$ 和 $K_{IIIc}$ 三种情况。

　　类似于应力强度因子准则，脆性断裂问题中也常用能量释放率 $G$ 作为裂纹扩展的判据，可以表示为

$$G = G_c \tag{2-19}$$

$G_c$ 为材料的临界能量释放率。对于 I 型裂纹，能量释放率 $G_{\mathrm{I}}$ 和应力强度因子 $K_{\mathrm{I}}$ 之间存在如下对应关系：

$$G_{\mathrm{I}} = \begin{cases} \dfrac{K_{\mathrm{I}}^2}{E}, & \text{平面应力} \\[3mm] \dfrac{(1-\nu^2)K_{\mathrm{I}}^2}{E}, & \text{平面应变} \end{cases} \tag{2-20}$$

其中，$E$ 和 $\nu$ 分别为材料的杨氏模量和泊松比。对于 II 型和 III 型裂纹，也可以找到类似的关系：

$$G_{\mathrm{II}} = \begin{cases} \dfrac{K_{\mathrm{II}}^2}{E}, & \text{平面应力} \\[3mm] \dfrac{(1-\nu^2)K_{\mathrm{II}}^2}{E}, & \text{平面应变} \end{cases} \tag{2-21}$$

$$G_{\mathrm{III}} = \frac{(1+\nu)K_{\mathrm{III}}^2}{E} \tag{2-22}$$

　　在实际问题中，载荷往往引起多个基本型裂纹同时出现，这种情况称为复合型裂纹，而相应的断裂准则也需要进行综合考虑，下面介绍两种常见的准则 [3]。

　　**最大周向拉应力强度因子理论**。对于平面 I/II 复合型裂纹，裂纹尖端附近的应力场可以写成如下形式：

$$\begin{cases} \sigma_x = \dfrac{K_{\mathrm{I}}}{\sqrt{2\pi r}} \cos\dfrac{\theta}{2}\left(1 - \sin\dfrac{\theta}{2}\sin\dfrac{3\theta}{2}\right) - \dfrac{K_{\mathrm{II}}}{\sqrt{2\pi r}} \sin\dfrac{\theta}{2}\left(2 + \cos\dfrac{\theta}{2}\cos\dfrac{3\theta}{2}\right) \\[3mm] \sigma_y = \dfrac{K_{\mathrm{I}}}{\sqrt{2\pi r}} \cos\dfrac{\theta}{2}\left(1 + \sin\dfrac{\theta}{2}\sin\dfrac{3\theta}{2}\right) + \dfrac{K_{\mathrm{II}}}{\sqrt{2\pi r}} \sin\dfrac{\theta}{2}\cos\dfrac{\theta}{2}\cos\dfrac{3\theta}{2} \\[3mm] \sigma_z = \begin{cases} 0, & \text{平面应力} \\[2mm] 2\nu\dfrac{K_{\mathrm{I}}}{\sqrt{2\pi r}} \cos\dfrac{\theta}{2} - 2\nu\dfrac{K_{\mathrm{II}}}{\sqrt{2\pi r}} \sin\dfrac{\theta}{2}, & \text{平面应变} \end{cases} \\[5mm] \tau_{xy} = \dfrac{K_{\mathrm{I}}}{\sqrt{2\pi r}} \cos\dfrac{\theta}{2}\sin\dfrac{\theta}{2}\cos\dfrac{3\theta}{2} + \dfrac{K_{\mathrm{II}}}{\sqrt{2\pi r}} \cos\dfrac{\theta}{2}\left(1 - \sin\dfrac{\theta}{2}\sin\dfrac{3\theta}{2}\right) \end{cases} \tag{2-23}$$

采用坐标变换，可得极坐标系下的周向拉应力为

$$\sigma_\theta = \frac{1}{\sqrt{2\pi r}} \cos\frac{\theta}{2}\left(\frac{K_{\mathrm{I}}}{2}(1 + \cos\theta) - \frac{3K_{\mathrm{II}}}{2}\sin\theta\right) \tag{2-24}$$

引入一个周向拉应力强度因子：

$$K_\theta = \cos\frac{\theta}{2}\left(\frac{K_{\mathrm{I}}}{2}(1+\cos\theta) - \frac{3K_{\mathrm{II}}}{2}\sin\theta\right) \tag{2-25}$$

于是，$\sigma_\theta$ 可以改写成

$$\sigma_\theta = \frac{1}{\sqrt{2\pi r}}K_\theta \tag{2-26}$$

最大周向拉应力强度因子理论的基本假设如下：

(1) 裂纹沿 $K_\theta$ 的最大值方向扩展，即垂直于最大周向拉应力方向。

(2) 当 $K_\theta$ 达到临界值时，裂纹失稳扩展。显然，此临界值为材料常数，即材料断裂韧度。

由假设 (1)，开裂角 $\theta$ 应由式 (2-25) 取极大值的条件决定，即

$$\left.\frac{\partial K_\theta}{\partial\theta}\right|_{\theta=\theta_0} = 0, \quad \left.\frac{\partial^2 K_\theta}{\partial\theta^2}\right|_{\theta=\theta_0} < 0 \tag{2-27}$$

由此得到

$$\begin{cases} K_{\mathrm{I}}\sin\theta_0 - K_{\mathrm{II}}(3\cos\theta_0 - 1) = 0 \\ K_{\mathrm{I}}\cos\dfrac{\theta_0}{2}(1 - 3\cos\theta_0) + K_{\mathrm{II}}\sin\dfrac{\theta_0}{2}(9\cos\theta_0 + 5) < 0 \end{cases} \tag{2-28}$$

由方程组 (2-28)，即可确定开裂角 $\theta_0$。

由假设 (2)，断裂准则是

$$K_{\theta\,\mathrm{max}} = \cos\frac{\theta_0}{2}\left[K_{\mathrm{I}}\cos^2\frac{\theta_0}{2} - \frac{3K_{\mathrm{II}}}{2}\sin\theta_0\right] = K_{\theta c} \tag{2-29}$$

其中，临界值 $K_{\theta c}$ 为材料断裂韧性，通常可取为 $K_{\mathrm{I}c}$。

对于纯 I 型问题，可令式 (2-28) 中第 1 式的 $K_{\mathrm{II}} = 0$，得到 $\theta_0 = 0$，于是由式 (2-29) 得到纯 I 型问题的断裂准则为

$$K_{\mathrm{I}} = K_{\theta c} = K_{\mathrm{I}c} \tag{2-30}$$

对于纯 II 型问题，可以令式 (2-28) 中第 1 式的 $K_{\mathrm{I}} = 0$，从而确定开裂角为如图 2-3 所示的 $\theta_0 = -70.5°$[4]。

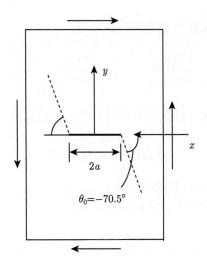

图 2-3 纯 II 型问题的断裂 [4]

**最大能量释放率理论**。对于平面 I/II 复合型裂纹，裂纹尖端附近的极坐标应力分量可近似表示为

$$\begin{cases} \sigma_\theta = \dfrac{1}{2\sqrt{2\pi r}}\cos\dfrac{\theta}{2}\left[K_{\mathrm{I}}\left(1+\cos\theta\right)-3K_{\mathrm{II}}\sin\theta\right] \\[2mm] \sigma_r = \dfrac{1}{2\sqrt{2\pi r}}\cos\dfrac{\theta}{2}\left[K_{\mathrm{I}}\sin\theta-K_{\mathrm{II}}\left(3\cos\theta-1\right)\right] \end{cases} \tag{2-31}$$

或记为

$$\sigma_\theta = \frac{K_{\mathrm{I}\theta}}{\sqrt{2\pi r}}, \quad \sigma_r = \frac{K_{\mathrm{II}\theta}}{\sqrt{2\pi r}} \tag{2-32}$$

其中，

$$K_{\mathrm{I}\theta} = \frac{1}{2}\cos\frac{\theta}{2}\left[K_{\mathrm{I}}\left(1+\cos\theta\right)-3K_{\mathrm{II}}\sin\theta\right] \tag{2-33}$$

$$K_{\mathrm{II}\theta} = \frac{1}{2}\cos\frac{\theta}{2}\left[K_{\mathrm{I}}\sin\theta-K_{\mathrm{II}}\left(3\cos\theta-1\right)\right] \tag{2-34}$$

根据平面应变下应力强度因子和能量释放率之间的关系，并将其推广到极坐标下，得到裂纹沿 $\theta$ 方向扩展的能量释放率 $G_\theta$，为

$$G_\theta = \frac{1-\nu^2}{E}\left(K_{\mathrm{I}\theta}^2 + K_{\mathrm{II}\theta}^2\right) \tag{2-35}$$

最大能量释放率理论的基本假设如下：

(1) 裂纹沿最大能量释放率方向扩展, 即

$$\left. \frac{\partial G_\theta}{\partial \theta} \right|_{\theta=\theta_0} = 0, \quad \left. \frac{\partial^2 G_\theta}{\partial \theta^2} \right|_{\theta=\theta_0} < 0 \tag{2-36}$$

(2) 当最大能量释放率达到临界值时, 裂纹失稳扩展, 即

$$G_{\theta\,\mathrm{max}} = G_\theta(\theta_0) = G_{\theta c} \tag{2-37}$$

此临界值为材料常数, 即材料断裂韧性。

由假设 (1), 通过下式可以求解开裂角 $\theta_0$:

$$\begin{aligned}
& K_\mathrm{I}^2 \sin\theta_0 (1+\cos\theta_0) - 2K_\mathrm{I} K_\mathrm{II} \left(\sin^2\theta_0 - \cos^2\theta_0 - \cos\theta_0\right) \\
& + K_\mathrm{II}^2 \sin\theta_0 (1-3\cos\theta_0) = 0
\end{aligned} \tag{2-38}$$

由假设 (2), 断裂准则应该是

$$\begin{aligned}
G_{\theta\,\mathrm{max}} = {} & \frac{1-\nu^2}{4E} (1+\cos\theta_0) \\
& \times \left[ K_\mathrm{I}^2 (1+\cos\theta_0) - 4K_\mathrm{I} K_\mathrm{II} \sin\theta_0 + K_\mathrm{II}^2 (5-3\cos\theta_0) \right] = G_{\theta c}
\end{aligned} \tag{2-39}$$

对于 I 型裂纹, 考虑到应力强度因子和能量释放率之间的关系, 相应的临界值之间的关系可以表示为

$$G_{\theta c} = \frac{1-\nu^2}{E} K_{\mathrm{I}c}^2 \tag{2-40}$$

将式 (2-39) 中的 $G_{\theta c}$ 替换为 $K_{\mathrm{I}c}$ 表示, 可给出如下关系:

$$K_{\mathrm{I}c}^2 = \frac{1}{4} (1+\cos\theta_0) \left[ K_\mathrm{I}^2 (1+\cos\theta_0) - 4K_\mathrm{I} K_\mathrm{II} \sin\theta_0 + K_\mathrm{II}^2 (5-3\cos\theta_0) \right] \tag{2-41}$$

## 2.4　含裂纹问题的数值求解

在工程应用中, 需要计算应力强度因子, 然后用于判断裂纹是否会扩展。其计算方法主要有解析和数值两大类方法, 前者有应力函数法和积分变换法等, 后者主要包括有限元法和边界元法等。由于裂纹问题的复杂性, 这些计算通常需要较为严格的数学和力学手段, 以及复杂的数值计算。除一些简单问题外, 大部分工程问题难以使用解析方法求解, 而是需要通过数值求解的方法进行求解。本节将介绍几种典型的模拟裂纹扩展的数值方法 [5]。

### 2.4.1　虚拟裂纹闭合法 [6]

虚拟裂纹闭合 (VCCT) 法是一种基于常规有限元分析结果进行求解的方法，其求解过程比较简便。下面结合图 2-4 详细描述 VCCT 法，图中下标 "1" 表示 VCCT 计算的第一步，裂纹长度为 $a$，下标 "2" 表示 VCCT 计算的第二步，裂纹长度为 $a+\Delta a$。VCCT 法求解分为两个部分，作为理论铺垫，首先认为裂纹由 $l$(图 2-4(a)) 扩展到 $i$(图 2-4(b)) 所释放的能量 $\Delta E$ 等于闭合该段裂纹的能量。

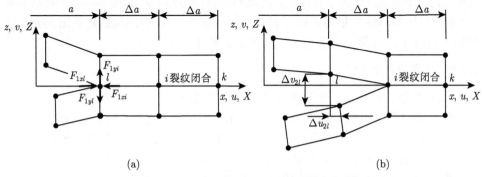

图 2-4　VCCT 法的基本假设和计算步骤 [6]

对于图 2-4 中所示的二维有限元模型，裂纹从长度为 $a+\Delta a$ 的位置发生闭合所需的能量 $\Delta E$ 为

$$\Delta E = \frac{1}{2}\left(F_{1xl}\Delta u_{2l} + F_{1yl}\Delta v_{2l}\right) \tag{2-42}$$

其中，$F_{1xl}$ 和 $F_{1yl}$ 分别为节点 $l$ 上的横向和竖向节点力，是在第 1 次计算中使用图 2-4(a) 模型获得的。$\Delta u_{2l}$ 和 $\Delta v_{2l}$ 分别表示节点 $l$ 上的节点相对张开和滑开的位移，是第 2 次计算中使用图 2-4(b) 模型获得的。根据上面的假设，裂纹扩展过程释放的能量大小等于 $\Delta E$，那么根据定义，能量释放率可以通过下式计算：

$$G = \frac{\Delta E}{\Delta A} \tag{2-43}$$

其中，面积 $\Delta A$ 为

$$\Delta A = \Delta a \times h \tag{2-44}$$

式中，$h$ 为所模拟平面问题的实际厚度。这样虽然可以得到能量释放率，但是需要进行两次有限元计算，是不太方便的。

　　进一步地，可认为裂纹从 $a + \Delta a$ (节点 $i$) 扩展到 $a + 2\Delta a$ (节点 $k$) 不会显著影响裂纹尖端的应力水平。也就是说，当裂纹尖端在 $k$ 点时，节点 $i$ 处的相对位移近似等于裂纹尖端在 $i$ 点时，节点 $l$ 处的相对位移。这一假设可以理解为裂纹从 $a + \Delta a$ 扩展到 $a + 2\Delta a$ 所需要的能量等于将节点 $i$ 闭合所需的能量，而这部分能量可通过下式计算：

$$\Delta E = \frac{1}{2} \left( F_{2xi}\Delta u_{2l} + F_{2yi}\Delta v_{2l} \right) \tag{2-45}$$

其中，$F_{2xi}$ 和 $F_{2yi}$ 分别为节点 $i$ 上的横向和竖向节点力，$\Delta u_{2l}$ 和 $\Delta v_{2l}$ 表示节点 $l$ 上的相对位移，这些量是在第 2 次计算中对图 2-4(b) 中结构进行有限元分析得到的，而第 1 次计算就不需要了，显然更加简便。

### 2.4.2　扩展有限元法 [7]

　　VCCT 法虽然简便，但是没有考虑裂纹尖端奇异性问题，因此其应用范围和求解精度都受到了限制。20 世纪 90 年代末，扩展有限元法 (XFEM) 诞生，它可以在无须网格重划分的情况下模拟裂纹扩展过程，其核心思想是使用加料函数使得单元能够描述裂纹面上的位移不连续性和裂纹尖端的应力奇异性，这使其在处理断裂、夹杂和界面等非连续问题上具有得天独厚的优势。

　　对于二维平面裂纹问题，裂纹 (记为 $\Gamma_0^c$) 穿过有限元网格终止于一单元内部 (如图 2-5 所示)，结构内的位移场可以表示为

$$u^h(\boldsymbol{x}) = \sum_{I \in S} N_I(\boldsymbol{x})u_I + \sum_{J \in S_h} N_J(\boldsymbol{x})H\left(f(\boldsymbol{x})\right)a_J + \sum_{K \in S_c} N_K(\boldsymbol{x})\Phi(\boldsymbol{x})b_K \tag{2-46}$$

我们把有限元网格的所有节点记作集合 $S$，把被裂纹完全切断的单元节点记作集合 $S_h$(图中方框节点)，把围绕裂尖的单元节点记作集合 $S_c$(图中圆圈节点)。其中

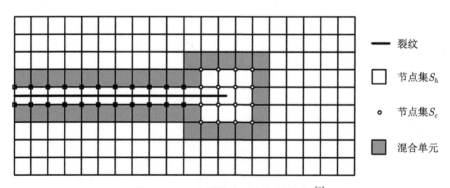

图 2-5　二维裂纹中节点加料方案 [8]

节点集 $S_c$ 的选择具有灵活性，可以只选择裂尖所在的一个单元上的节点，也可以选择裂尖附近的多个单元上的节点，以提高收敛速度。式 (2-46) 中，$a_J$ 和 $b_K$ 是节点附加自由度，$N_I$，$N_J$ 和 $N_K$ 为标准有限元形函数，$H\left(f(\boldsymbol{x})\right)$ 和 $\varPhi(\boldsymbol{x})$ 为加料函数。在 XFEM 中，对节点集 $S_h$ 和 $S_c$ 分别采用不同的扩充形函数，下面分别介绍。

(1) 对于被裂纹完全穿过的单元，裂纹面两侧的位移场发生跳跃，扩充形函数可以采用如下形式：

$$\psi_J(\boldsymbol{x}) = N_J(\boldsymbol{x}) H\left(f(\boldsymbol{x})\right) \tag{2-47}$$

其中，$H(x)$ 是阶跃函数，它的定义为

$$H(x) = \begin{cases} 1, & x \geqslant 0 \\ -1, & x < 0 \end{cases} \tag{2-48}$$

$f(\boldsymbol{x})$ 是描述裂纹位置的水平集函数：

$$f(\boldsymbol{x}) = \min_{\overline{\boldsymbol{x}} \in \varGamma_0^c} \|\boldsymbol{x} - \overline{\boldsymbol{x}}\| \cdot \operatorname{sign}\left(\boldsymbol{n}^+ \cdot (\boldsymbol{x} - \overline{\boldsymbol{x}})\right) \tag{2-49}$$

式中，$\boldsymbol{n}^+$ 是裂纹 $\varGamma_0^c$ 单位法向量。对于不在 $\varGamma_0^c$ 上的任何点 $\boldsymbol{x}$，$f(\boldsymbol{x})$ 是从 $\boldsymbol{x}$ 到 $\varGamma_0^c$ 最短距离。如果点 $\boldsymbol{x}$ 所在的位置与 $\boldsymbol{n}^+$ 指向一致，取正；否则，若点 $\boldsymbol{x}$ 在另一侧，取负。

(2) 对于裂尖周围的节点，即集合 $S_c$，加料形函数采用如下形式：

$$\psi_J(\boldsymbol{x}) = N_J(\boldsymbol{x}) \varPhi(\boldsymbol{x}) \tag{2-50}$$

其中，$\varPhi(\boldsymbol{x})$ 的表达式：

$$\varPhi(\boldsymbol{x}) = \left[ \sqrt{r} \sin\frac{\theta}{2},\ \sqrt{r} \sin\frac{\theta}{2}\sin\theta,\ \sqrt{r}\cos\frac{\theta}{2},\ \sqrt{r}\cos\frac{\theta}{2}\sin\theta \right] \tag{2-51}$$

式中，$r$ 和 $\theta$ 是极坐标。我们不难发现，$\varPhi(\boldsymbol{x})$ 中的元素来源于平面复合型裂纹的裂尖位移场解析解的各项。这样，XFEM 所采取的加料方式不仅可以表现裂纹面位移的不连续性质，同时还能精确捕捉裂尖应力场，包括应力奇异性。

构造位移模式后，就可以和常规有限元方法一样，由虚功原理推导其控制方程。设结构产生了一个允许的虚位移 $\delta\boldsymbol{u}^h$，则其虚功方程为

$$\int_{\Omega} \boldsymbol{\varepsilon}(\boldsymbol{u}) : \boldsymbol{D} : \delta \boldsymbol{\varepsilon}^h \mathrm{d}\Omega = \int_{\Omega} \boldsymbol{F}_b \delta \boldsymbol{u}^h \mathrm{d}\Omega + \int_{\Gamma} \boldsymbol{F}_s \delta \boldsymbol{u}^h \mathrm{d}\Gamma + \boldsymbol{F} \delta \boldsymbol{u}^h \qquad (2\text{-}52)$$

其中，$\boldsymbol{F}_b$，$\boldsymbol{F}_s$ 和 $\boldsymbol{F}$ 分别为体力、面力和集中力。将式 (2-46) 代入式 (2-52)，可得到扩展有限元法的控制方程为

$$\boldsymbol{K}\boldsymbol{\delta} = \boldsymbol{R} \qquad (2\text{-}53)$$

其中，$\boldsymbol{K}$ 为整体刚度矩阵，$\boldsymbol{R}$ 为整体荷载列阵，$\boldsymbol{\delta}$ 为节点未知量向量，可表示为

$$\boldsymbol{\delta} = [\boldsymbol{u} \ \boldsymbol{a} \ \boldsymbol{b}]^{\mathrm{T}} \qquad (2\text{-}54)$$

式中，$\boldsymbol{u}$ 是常规自由度向量，$\boldsymbol{a}$ 和 $\boldsymbol{b}$ 是附加自由度向量。

因为在扩展有限元中，一部分单元内存在不连续的场，这为单元刚度阵等的积分带来了挑战，如果使用高斯积分将会有较大误差。下面介绍在扩展有限元计算中常采用的处理不连续函数积分的两种方法。

(1) 普遍加密积分点，比如平面 5×5 积分，尽管会产生一定的误差，然而在工程应用中这些误差还是可以接受的。

(2) 采用子区域积分法对不连续场精确积分。我们以一维单元为例说明该方法的使用，图 2-6 是不连续函数 $g(x)$ 在单元 $AB$ 上的积分示意图，如果使用传统积分方案，选择高斯积分点 1 和 2，则会造成较大误差。为了达到精确积分的目的，可以把单元 $AB$ 在不连续点处划分为单元 $AC$ 和 $CB$，由于 $g(x)$ 在 $AC$ 和 $CB$ 上连续，因此可分别在其上选择高斯积分点 3、4 和 5、6 进行精确积分，两部分积分相加便是不连续函数 $g(x)$ 积分示意图在单元 $AB$ 上的积分。图 2-7 是二维情况下单元子区域积分的示意图，单元被划分成三角形子区域，积分将在各个子区域上分别进行，最后叠加。

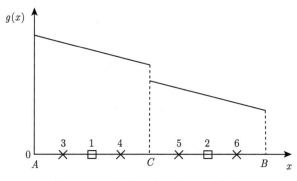

图 2-6　一维单元子区域积分示意图

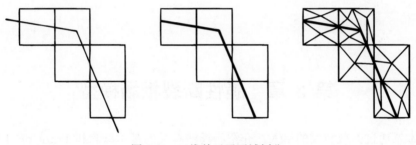

图 2-7　二维单元子区域划分

# 参 考 文 献

[1]  王自强, 陈少华. 高等断裂力学. 北京：科学出版社, 2009.

[2]  李锡夔, 郭旭, 段庆林. 连续介质力学引论. 北京：科学出版社, 2015.

[3]  李庆芬. 断裂力学及其工程应用. 2 版. 哈尔滨：哈尔滨工程大学出版社, 2008.

[4]  Sun C T, Jin Z H. Fracture Mechanics. New York: Academic Press, Elsevier, 2012.

[5]  解德, 钱勤, 李长安. 断裂力学中的数值计算方法及工程应用. 北京：科学出版社, 2009.

[6]  Krueger R. Virtual crack closure technique: History, approach, and applications. Applied Mechanics Reviews, 2004, 57: 109-143.

[7]  Moës N, Dolbow J, Belytschko T. A finite element method for crack growth without remeshing. International Journal for Numerical Methods in Engineering, 1999, 46: 131-150.

[8]  余天堂. 扩展有限单元法: 理论、应用及程序. 北京：科学出版社, 2014.

# 第 3 章　脆性断裂相场模型

本章通过弥散裂纹的引入，介绍相场法有关的基本概念和 Francfort-Marigo 变分原理，并给出脆性断裂常用的几种相场模型，以及相场模型的有限元数值离散求解格式。

## 3.1　裂纹面密度函数

为了更加清晰地展示相场模型中裂纹的弥散过程和相场模型的基本概念，本节参考文献 [1]，先从一维杆入手介绍相场的裂纹面密度函数的构造过程，然后直接推广给出二维和三维的裂纹面密度函数。

考虑一个如图 3-1 所示的一维无限长杆问题，杆所占用的区域为 $\Omega = A_L \times L$，其中 $A_L$ 为杆的横截面，$L = (-\infty, +\infty)$。假设杆在 $x = x^*$ 处存在一个贯穿裂纹，并用 $\Gamma$ 来表示该离散裂纹面集合。

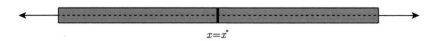

$$x = x^*$$

图 3-1　含有裂纹的一维无限长杆

在离散裂纹模型中，认为损伤 (或破坏) 仅集中发生在裂纹 $x = x^*$ 处，因此裂纹可由一个强间断的标量场函数 $D(x)$ 来表示：

$$D(x) = \begin{cases} 1, & x = x^* \\ 0, & x \neq x^* \end{cases} \tag{3-1}$$

其中，$D = 0$ 和 $D = 1$ 分别表示材料性质未有任何破坏和完全破坏两种不同的状态，或者说其材料性质只有两种离散的状态，图 3-2(a) 给出了其在杆上的变化形式。显然它能严格描述裂纹的几何位置，但这种强间断场函数往往给数值模拟带来很多不便，尤其在裂纹扩展或演化过程中，面临需要追踪裂纹的扩展路径以及网格重构等棘手的难题。断裂模拟的相场模型很好地回避了这两个问题，它使用连续的场函数以弥散的方式描述裂纹。

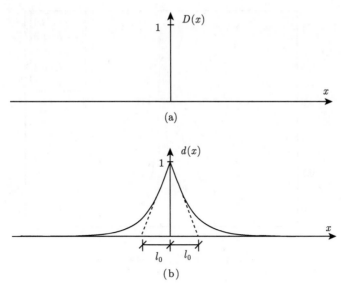

图 3-2 一维杆件裂纹示意: (a) 离散裂纹; (b) 弥散裂纹

在相场法的弥散裂纹构型中, 认为裂纹是由材料的微观裂纹成核然后逐步演化为宏观裂纹的, 即在裂纹 $x = x^*$ 附近发生了连续的材料损伤, 这种描述裂纹的方式是基于连续损伤理论的。为此, 可以引入一个连续的辅助场 $d(x)$, 即相场 (phase field), 来近似地描述这个弥散裂纹构型。

例如, 可采用下面的指数形式的相场函数 $d(x)$ 来描述这个弥散裂纹构型:

$$d(x) = e^{\frac{-|x-x^*|}{l_0}} \tag{3-2}$$

$d(x)$ 实际上是将裂纹 $\Gamma$ 沿着杆的长度方向进行了弥散, 代表了一种如图 3-2(b) 所示的正则化的或者弥散的裂纹描述。

相场函数值, $d(\pm\infty) = 0$ 和 $d(x^*) = 1$ 分别表示材料完好和完全破坏两种状态, 而 $d(x) \in (0,1)$ 代表了材料不同程度的损伤状态。在相场的分布式 (3-2) 中, 使用了一个参数 $l_0$ 来控制裂纹弥散的程度, 称为相场模型的特征宽度 (internal length scale)。$l_0$ 越大, 相场的弥散区域越大, 反之, $l_0$ 越小则弥散的区域就越小, 图 3-3 给出了不同的 $l_0$ 所对应的相场分布情况。为了获得更清晰的裂纹形状, $l_0$ 显然是越小越好, 但是 $l_0$ 的选取还受到其他因素的制约。关于 $l_0$ 的选取将在 3.5 节中进行初步的探讨。

显然, 相场分布函数式 (3-2) 是下面齐次微分方程的解:

$$d(x) - l_0^2 d''(x) = 0, \ 在\Omega中 \tag{3-3}$$

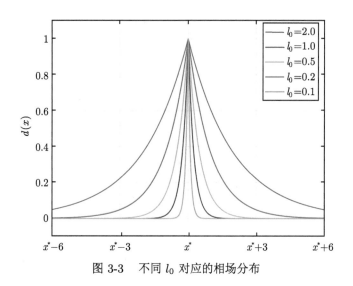

图 3-3    不同 $l_0$ 对应的相场分布

其中，边界条件为

$$d(\pm\infty) = 0, \ d(x^*) = 1 \tag{3-4}$$

微分方程 (3-3) 又是下面变分原理的欧拉方程：

$$d(x) = \mathrm{Arg}\left\{ \inf_{d(x) \in H_c} I(d) \right\} \tag{3-5}$$

其中，$H_c = \{ d(x) | d(\pm\infty) = 0, d(x^*) = 1 \}$，而泛函 $I(d)$ 可取为

$$I(d) = \int_\Omega \frac{1}{2} \left[ d^2(x) + l_0^2 d'^2(x) \right] \mathrm{d}V \tag{3-6}$$

将式 (3-2) 中的裂纹相场 $d(x)$ 代入上式后积分可得

$$I\left( d = \mathrm{e}^{-|x-x^*|/l_0} \right) = l_0 A_\Gamma \tag{3-7}$$

可以看到泛函积分后的结果与裂纹面积 $A_\Gamma$ 相关，因此可以根据 $I(d)$ 的形式定义一个裂纹面积泛函 (crack surface functional)：

$$A_{\Gamma l}(d) = \frac{1}{l_0} I(d) = \int_\Omega \frac{1}{2l_0} \left[ d^2(x) + l_0^2 d'^2(x) \right] \mathrm{d}V \tag{3-8}$$

其物理含义是将裂纹面弥散到整个求解区域，并保持其总面积不变。

将上式中的 $A_{\Gamma l}(d)$ 代替式 (3-6) 中的被积函数，变分后即可求得式 (3-2) 所示的相场分布函数，因此文献 [1] 将 $A_{\Gamma l}(d)$ 中被积分部分定义为裂纹面密度函数 (crack surface density function)：

$$\gamma(d, d') = \frac{1}{2l_0}(d^2 + l_0^2 d'^2) \tag{3-9}$$

参考一维裂纹面密度函数的定义，对于二维和三维问题，裂纹面密度函数可设为

$$\gamma(d, \nabla d) = \frac{1}{2l_0}(d^2 + l_0^2 |\nabla d|^2) \tag{3-10}$$

其中，$\nabla d$ 为相场梯度场。

## 3.2 Francfort-Marigo 变分原理

3.1 节介绍了相场弥散裂纹的方式，以及相场的裂纹面密度函数的定义。本节介绍 Francfort-Marigo 变分原理，以下简称 F-M 变分原理，该变分原理是相场法的基础。F-M 变分原理与弹性最小总势能原理类似，唯一的不同点在于将断裂能引入系统总势能，从而形成新的变分原理。

F-M 变分原理是 Francfort 和 Marigo 在 1998 年提出的 [2]，它最初针对的是离散裂纹模型。在该变分原理中，结构的整体势能不仅包含了应变势能和外力势能，而且还包含了产生裂纹面所耗散的断裂能，即裂纹表面的产生必然伴随一定的能量耗散。例如，对图 3-4(a) 所示的含有离散裂纹的求解区域 $\Omega$，F-M 变分原理的系统总势能为

$$W = W_b + W_d - W_{\text{ext}} \tag{3-11}$$

这里，结构的应变势能：

$$W_b = \int_{\Omega} \psi(\boldsymbol{\varepsilon})\mathrm{d}V \tag{3-12}$$

其中，$\psi(\boldsymbol{\varepsilon})$ 为应变能密度函数。

外力势能：

$$W_{\text{ext}} = \int_{\Omega} \boldsymbol{f} \cdot \boldsymbol{u}\mathrm{d}V + \int_{\partial \Omega_t} \bar{\boldsymbol{t}} \cdot \boldsymbol{u}\mathrm{d}S \tag{3-13}$$

其中，$\boldsymbol{u}$ 为结构的位移场向量，$\boldsymbol{f}$ 为体力密度，$\bar{\boldsymbol{t}}$ 为给力边界 $\partial \Omega_t$ 上的已知外力。

而结构的断裂能为临界能量释放率 $G_c$ 和离散裂纹面积 $A_{\Gamma}$ 的乘积：

$$W_d = G_c A_{\Gamma} \tag{3-14}$$

其中，临界能量释放率 $G_c$ 为与材料有关的材料属性。

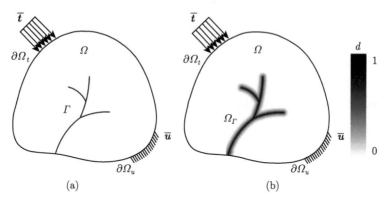

图 3-4　含有离散裂纹 (a) 和弥散裂纹 (b) 系统的示意图

根据 F-M 变分原理，真实的位移场和裂纹构型使得该系统的总势能最小，即

$$(\boldsymbol{u}, \varGamma) = \mathrm{Arg}\left\{ \inf_{\boldsymbol{u}, \varGamma \in BC_s} W(\boldsymbol{u}, \varGamma) \right\} \tag{3-15}$$

其中，$\varGamma$ 为所有可能的离散裂纹面集合，$BC_s$ 为边界条件。需要指出的是，该变分原理需要已知所有可能的裂纹面集合，而这在数值模拟中是难以实现的。这也是 F-M 变分原理在离散裂纹模型的数值模拟中没有得到有效应用的原因之一。

但断裂相场的弥散裂纹模型引入后，F-M 变分原理的实用价值得到了更充分的体现，也奠定了断裂问题相场模型的理论基础。例如，对于图 3-4(b) 对应的弥散裂纹系统，由于裂纹的弥散已经用相场来描述，即离散裂纹面集合 $\varGamma$ 已经替换为裂纹相场函数 $d$，因此 F-M 变分原理的总势能改写为以位移场 $\boldsymbol{u}$ 和相场 $d$ 两个连续场为自变函数的泛函：

$$(\boldsymbol{u}, d) = \mathrm{Arg}\left\{ \inf_{\boldsymbol{u}, d \in BC_s} W(\boldsymbol{u}, d) \right\} \tag{3-16}$$

余下需要讨论的是相场模型下系统总势能 (3-11) 中，各势能分量的计算表达式。

首先，根据 3.1 节中定义的弥散后裂纹面密度函数 (3-10)，相场模型中的断裂能应为

$$W_d = G_c A_\varGamma = G_c \int_\Omega \gamma(d, \nabla d)\mathrm{d}V \tag{3-17}$$

这就是结构生成裂纹表面所耗散的断裂能。

其次，对线弹性问题，系统的应变势能就是弹性势能。由于相场模型是一类连续损伤模型，其相场值不为零的区域，材料存在不同程度的损伤，而损伤使得结构储存的弹性能耗散掉一部分，因此需要引入一个退化函数 (degradation function)$\omega(d)$ 来反映由于损伤的存在而导致的应变能的折减。

退化函数的选择与材料的损伤本构有关，尽管不同材料的相场模型的退化函数 $\omega(d)$ 可能不同，但它们通常都是预先给定的已知函数。通常要求退化函数 $\omega(d)$ 满足下面四个条件：

$$
\begin{cases}
\omega(0) = 1 \\
\omega(1) = 0 \\
\omega'(1) = 0 \\
\omega'(d) < 0
\end{cases}
\tag{3-18}
$$

它们是有具体物理含义的：①$\omega(0) = 1$ 表达的是相场值为 0 的区域，其材料没有任何损伤，即应变势能应没有发生折减；②$\omega(1) = 0$ 表达的是相场值为 1 的区域，其材料已经完全损伤，不再具有任何承载能力，即应变势能应为 0；③$\omega'(1) = 0$ 表达的是材料完全破坏后相场值不能再继续演化；④$\omega'(d) < 0$ 表达的是伴随相场值的增加，材料的损伤增大，其应变能的折减系数应减小，因此退化函数应是关于相场值的严格单调递减函数。需要说明的是，少数文献中使用的退化函数并不严格满足上述四个条件，这里就不一一介绍了。本书所选择的退化函数均满足上面四个条件。

将退化函数 $\omega(d)$ 作用到应变势能上，则考虑损伤后真实的应变能密度函数为

$$
\hat{\psi}(\boldsymbol{\varepsilon}, d) = \omega(d)\psi(\boldsymbol{\varepsilon})
\tag{3-19}
$$

这里，$\psi(\boldsymbol{\varepsilon})$ 是按照材料无损伤计算所获得的名义应变能密度函数。于是，相应的应变势能可以表示为

$$
W_b = \int_{\Omega} \hat{\psi}(\boldsymbol{\varepsilon}, d) \mathrm{d}V
\tag{3-20}
$$

相应地，考虑损伤后相场模型中的真实应力张量为

$$
\hat{\boldsymbol{\sigma}}(\boldsymbol{\varepsilon}, d) = \omega(d)\boldsymbol{\sigma}(\boldsymbol{\varepsilon})
\tag{3-21}
$$

其中，名义应力张量 $\boldsymbol{\sigma}(\boldsymbol{\varepsilon}) = \lambda \mathrm{tr}(\boldsymbol{\varepsilon})\mathbf{1} + 2\mu\boldsymbol{\varepsilon}$，而 $\mathbf{1}$ 为单位张量，$\lambda$ 和 $\mu$ 为拉梅常量。

最后，对于相场模型中的外力势能，损伤并没有带来任何变化，因此其仍然为式 (3-13)。

将各个势能分量式 (3-17)、(3-20) 和 (3-13) 代入式 (3-16) 中，即可得到系统的总势能：

$$W(\boldsymbol{u}, d) = \int_{\Omega} \omega(d)\psi(\boldsymbol{\varepsilon})\mathrm{d}V + \int_{\Omega} G_c\gamma(d, \nabla d)\mathrm{d}V - \int_{\Omega} \boldsymbol{f} \cdot \boldsymbol{u}\mathrm{d}V - \int_{\partial\Omega_t} \bar{\boldsymbol{t}} \cdot \boldsymbol{u}\mathrm{d}S$$

$$(3\text{-}22)$$

上式是最早提出的脆性断裂的一个相场模型，本书称之为传统相场模型。

根据 F-M 变分原理，执行总势能泛函 $W(\boldsymbol{u}, d)$ 关于位移场 $\boldsymbol{u}$ 和相场 $d$ 的变分，有

$$\delta W = \int_{\partial\Omega_t} (\omega(d)\boldsymbol{\sigma} \cdot \boldsymbol{n} - \bar{\boldsymbol{t}})\delta\boldsymbol{u}\mathrm{d}S - \int_{\Omega} [\nabla \cdot [\omega(d)\boldsymbol{\sigma}] + \boldsymbol{f}]\,\delta\boldsymbol{u}\mathrm{d}V$$

$$+ \int_{\Omega} \left[\frac{G_c}{l_0}d + \omega'(d) \cdot \frac{1}{2}\boldsymbol{\sigma} : \boldsymbol{\varepsilon} - G_c l_0\Delta d\right]\delta d\mathrm{d}V + \int_{\partial\Omega} G_c l_0\nabla d \cdot \boldsymbol{n}\delta d\mathrm{d}S$$

$$= 0 \qquad\qquad\qquad\qquad\qquad\qquad\qquad\qquad\qquad\qquad\qquad (3\text{-}23)$$

当然上式中的位移场 $\boldsymbol{u}$ 应预先满足位移边界条件。由于位移场 $\boldsymbol{u}$ 和相场 $d$ 是互相独立的两个自变函数，因此可给出位移场和相场应满足的基本方程和边界条件。

位移场方程为

$$\nabla \cdot [\omega(d)\boldsymbol{\sigma}] + \boldsymbol{f} = 0, \ 在\Omega上 \qquad\qquad\qquad (3\text{-}24)$$

$$\omega(d)\boldsymbol{\sigma} \cdot \boldsymbol{n} = \bar{\boldsymbol{t}}, \ 在\partial\Omega_t上 \qquad\qquad\qquad (3\text{-}25)$$

$$\boldsymbol{u} = \bar{\boldsymbol{u}}, \ 在\partial\Omega_u上 \qquad\qquad\qquad (3\text{-}26)$$

而相场方程为

$$\omega'(d)\psi(\boldsymbol{\varepsilon}) + \frac{G_c}{l_0}(d - l_0^2\Delta d) = 0, \ 在\Omega上 \qquad (3\text{-}27)$$

$$\nabla d \cdot \boldsymbol{n} = 0, \ 在\partial\Omega上 \qquad\qquad\qquad (3\text{-}28)$$

其中，$\Delta$ 为拉普拉斯算子，$\partial\Omega_u$ 为给定位移的边界，$\partial\Omega_t$ 为施加外载的边界，整个求解区域 $\Omega$ 的边界为 $\partial\Omega = \partial\Omega_u + \partial\Omega_t(\partial\Omega_u \cap \partial\Omega_t = \phi)$，$\boldsymbol{n}$ 为边界的外法线方向单位向量，而 $\bar{\boldsymbol{u}}$ 和 $\bar{\boldsymbol{t}}$ 分别为相应边界上的已知位移或外力值。

式 (3-27) 即为相场的演化方程，其中，

$$F_d = -\omega'(d)\psi(\boldsymbol{\varepsilon}) \qquad\qquad\qquad (3\text{-}29)$$

体现了位移场对相场方程的影响，它实际上是驱动相场演化的量，因此也被称为相场演化驱动力 (phase field driving force)。但是，在卸载时直接采用式 (3-27)

有可能会出现相场值减小的现象，使得裂纹发生自愈，这显然是不合理的。为此 Miehe 等引入一个历史变量 [3]

$$H\left(\psi\right) = \max_{\tau \in [0,t]} \left\{\psi(\boldsymbol{\varepsilon}(\boldsymbol{x}, \boldsymbol{\tau}))\right\} \tag{3-30}$$

取代式 (3-29) 中的能量密度 $\psi$，用于保证驱动力中的能量是随着时间单调递增的，即满足 $\dot{d} > 0$ 的条件，$H$ 表示的是点 $\boldsymbol{x}$ 处应变能密度函数在 $[0, t]$ 时间段内的历史最大值。这样驱动力应修改为

$$F_d = -\omega'(d)H\left(\psi\right) \tag{3-31}$$

将其代入式 (3-27) 后就可以得到新的相场演化方程：

$$\omega'(d)H\left(\psi\right) + \frac{G_c}{l_0}(d - l_0^2\Delta d) = 0, \ 在\Omega上 \tag{3-32}$$

上式表示，在模拟过程中驱动相场演化的应变能密度采用的是其历史最大值，因此避免了裂纹发生自愈的情况。

上面介绍的就是传统相场模型要求解的控制方程和边界条件。例如，对脆性材料断裂破坏，文献 [1] 给出了一种最常用的退化函数：

$$\omega(d) = (1 - d)^2 \tag{3-33}$$

将其代入式 (3-24)~(3-26)，以及式 (3-28) 和 (3-32)，可给出当前相场模型下要求解的基本方程和边界条件。

位移场方程为

$$\nabla \cdot \left[(1 - d)^2\boldsymbol{\sigma}\right] + \boldsymbol{f} = 0, \ 在\Omega上 \tag{3-34}$$

$$(1 - d)^2\boldsymbol{\sigma} \cdot \boldsymbol{n} = \bar{\boldsymbol{t}}, \ 在\partial\Omega_t上 \tag{3-35}$$

$$\boldsymbol{u} = \bar{\boldsymbol{u}}, \ 在\partial\Omega_u上 \tag{3-36}$$

而相场方程为

$$-2(1 - d)H\left(\psi\right) + \frac{G_c}{l_0}(d - l_0^2\Delta d) = 0, \ 在\Omega上 \tag{3-37}$$

$$\nabla d \cdot \boldsymbol{n} = 0, \ 在\partial\Omega上 \tag{3-38}$$

方程 (3-34)~(3-38) 也是脆性材料断裂破坏模拟中最简单的一种相场模型。

## 3.3　相场演化驱动力

对于相场演化方程，即方程 (3-32)，如何选取合适的驱动力是尤为重要的。式 (3-29) 或式 (3-31) 中定义驱动力的方式是最简单的一种方式，但它们有一个明显的欠缺，即没有区分结构在受压和受拉情况下的断裂行为。为了区分结构在受压和受拉情况下不同的断裂行为，驱动力的定义式 (3-29) 或 (3-31) 可有不同的定义方式。对于损伤模型来说，结构的破坏通常是通过定义材料的损伤来实现的，而定义损伤的方法无非是当应力、应变或应变能密度达到某种临界值时，定义材料发生损伤。显然，对于不同的材料，其发生损伤的条件是不一样的，因此定义驱动力的方式也不应一概而论。

下面介绍两种不同的驱动力定义方式。这两种方式都是通过能量分解的方法，在应变能中发掘驱动材料损伤的分量。对于不同的材料和受力状态，可以使用不同的能量分解方式。

首先介绍一种谱分解方式。2010 年，Miehe 等给出了一种基于应变张量谱分解的应变能分解方式，使用这种分解方式，可以得到一种拉压破坏模式不一致的相场模型，并且能够防止裂纹面的相互侵入问题 [1]。对于各向同性线弹性材料，应变能密度函数可用主应变分量表示为

$$\psi(\boldsymbol{\varepsilon}) = \frac{1}{2}\lambda(\varepsilon_1 + \varepsilon_2 + \varepsilon_3)^2 + \mu(\varepsilon_1^2 + \varepsilon_2^2 + \varepsilon_3^2) \tag{3-39}$$

其中，$\varepsilon_i(i = 1, 2, 3)$ 为三个主应变分量。将上面的名义应变能密度函数进行分解：

$$\psi = \psi^+ + \psi^- \tag{3-40}$$

即分解为受拉和受压两个部分：

$$\psi^\pm(\boldsymbol{\varepsilon}) = \frac{1}{2}\lambda \langle\varepsilon_1 + \varepsilon_2 + \varepsilon_3\rangle_\pm^2 + \mu \left(\langle\varepsilon_1\rangle_\pm^2 + \langle\varepsilon_2\rangle_\pm^2 + \langle\varepsilon_3\rangle_\pm^2\right) \tag{3-41}$$

其中，$\langle\cdot\rangle_\pm$ 为 Macaulay 括号，如 $\langle x\rangle_\pm = (x \pm |x|)/2$。在分解后的应变能密度中，假设只有受拉应变能驱动相场的演化，而受压部分并不引起相场的演化，于是相场的驱动力式 (3-29) 应改写为

$$F_d = -\omega'(d)\psi^+(\boldsymbol{\varepsilon}) \tag{3-42}$$

本书将该模型称为基于 Miehe 能量分解的相场模型。

除谱分解方式外，这里再介绍一种球应变张量和偏应变张量的分解方式。2009 年，Amor 等提出将结构中的应变能分成两部分，分别对应着体积变化的部分和形状

畸变的部分 [4]，即将应变张量分解为球应变张量和偏应变张量：

$$\boldsymbol{\varepsilon} = \boldsymbol{\varepsilon}_S + \boldsymbol{\varepsilon}_D \tag{3-43}$$

其分量形式为

$$
\begin{bmatrix}
\varepsilon_x & \frac{1}{2}\gamma_{xy} & \frac{1}{2}\gamma_{xz} \\
\frac{1}{2}\gamma_{yx} & \varepsilon_y & \frac{1}{2}\gamma_{yz} \\
\frac{1}{2}\gamma_{zx} & \frac{1}{2}\gamma_{zy} & \varepsilon_z
\end{bmatrix}
=
\begin{bmatrix}
\varepsilon_0 & 0 & 0 \\
0 & \varepsilon_0 & 0 \\
0 & 0 & \varepsilon_0
\end{bmatrix}
+
\begin{bmatrix}
\varepsilon_x - \varepsilon_0 & \frac{1}{2}\gamma_{xy} & \frac{1}{2}\gamma_{xz} \\
\frac{1}{2}\gamma_{yx} & \varepsilon_y - \varepsilon_0 & \frac{1}{2}\gamma_{yz} \\
\frac{1}{2}\gamma_{zx} & \frac{1}{2}\gamma_{zy} & \varepsilon_z - \varepsilon_0
\end{bmatrix}
$$
$$\tag{3-44}$$

其中，$\varepsilon_0 = (\varepsilon_x + \varepsilon_y + \varepsilon_z)/3 = \mathrm{tr}(\boldsymbol{\varepsilon})/3$ 为平均应变。将式 (3-43) 代入名义应变能密度表达式

$$\psi(\boldsymbol{\varepsilon}) = \frac{1}{2}(\lambda\theta\boldsymbol{I} + 2\mu\boldsymbol{\varepsilon}) : \boldsymbol{\varepsilon} \tag{3-45}$$

可得由球应变张量和偏应变张量表示的名义应变能密度函数为

$$\psi(\boldsymbol{\varepsilon}) = \frac{1}{2}\left(\lambda + \frac{2\mu}{3}\right)[\mathrm{tr}(\boldsymbol{\varepsilon})]^2 + \mu\boldsymbol{\varepsilon}_D : \boldsymbol{\varepsilon}_D \tag{3-46}$$

其中，$\theta = \varepsilon_x + \varepsilon_y + \varepsilon_z = 3\varepsilon_0$ 为体积应变。假设只有偏应变与球应变中的受拉部分会引起损伤演化，而球应变中的受压部分不会引起损伤，因此名义应变能密度函数可分解为

$$\psi(\boldsymbol{\varepsilon}) = \psi^+(\boldsymbol{\varepsilon}) + \psi^-(\boldsymbol{\varepsilon}) \tag{3-47}$$

其中，

$$
\begin{cases}
\psi^+(\boldsymbol{\varepsilon}) = \dfrac{1}{2}\kappa \left\langle \mathrm{tr}(\boldsymbol{\varepsilon}) \right\rangle_+^2 + \mu\boldsymbol{\varepsilon}_D : \boldsymbol{\varepsilon}_D \\[2mm]
\psi^-(\boldsymbol{\varepsilon}) = \dfrac{1}{2}\kappa \left\langle \mathrm{tr}(\boldsymbol{\varepsilon}) \right\rangle_-^2
\end{cases}
\tag{3-48}
$$

式中，$\kappa = \lambda + 2\mu/3$ 为体积弹性模量。同样，在考虑偏应变张量分解的情况下，相场演化方程的驱动力式 (3-29) 可以修改为

$$F_d = -\omega'(d)\psi^+(\boldsymbol{\varepsilon}) \tag{3-49}$$

此驱动力中排除了球应变中受压破坏对相场演化的影响，这样可以有效地防止裂纹在受拉和受压状态下产生同样的断裂模式，同时也阻止了裂纹面的相互侵入。本书将该模型称为基于 Amor 能量分解的相场模型。

对前面介绍的基于 Miehe 能量分解和基于 Amor 能量分解的相场模型，虽然驱动力定义方式 (3-42) 或 (3-49) 数学表达式相同，但是应变能分解选择的方式不同。对这两个相场模型，由于退化函数仅作用于名义应变能密度中与损伤有关的部分，因此损伤后的真实应变能密度函数 (3-19) 应改写为

$$\hat{\psi} = \omega(d)\psi^+ + \psi^- \tag{3-50}$$

相应地，式 (3-30) 中给出的与能量密度相关的历史变量应改写为

$$H\left(\psi^+\right) = \max_{\tau \in [0,t]} \left\{\psi^+(\boldsymbol{\varepsilon}(\boldsymbol{x}, \tau))\right\} \tag{3-51}$$

对这两个相场模型，其系统总势能的表达式如下：

$$W(\boldsymbol{u}, d) = \int_\Omega (\omega(d)\psi^+ + \psi^-)\mathrm{d}V + \int_\Omega G_c\gamma(d, \nabla d)\mathrm{d}V - \int_\Omega \boldsymbol{f} \cdot \boldsymbol{u}\mathrm{d}V \\ - \int_{\partial\Omega_t} \bar{\boldsymbol{t}} \cdot \boldsymbol{u}\mathrm{d}S \tag{3-52}$$

即考虑能量分解和加入历史变量情况下，相场问题的控制方程和边界条件也有了相应的改变，即位移场方程为

$$\nabla \cdot \left[\omega\left(d\right)\boldsymbol{\sigma}^+\right] + \nabla \cdot \boldsymbol{\sigma}^- + \boldsymbol{f} = 0, \text{ 在}\Omega\text{上} \tag{3-53}$$

$$\left[\omega(d)\boldsymbol{\sigma}^+ + \boldsymbol{\sigma}^-\right] \cdot \boldsymbol{n} = \bar{\boldsymbol{t}}, \text{ 在}\partial\Omega_t\text{上} \tag{3-54}$$

$$\boldsymbol{u} = \bar{\boldsymbol{u}}, \text{ 在}\partial\Omega_u\text{上} \tag{3-55}$$

而相场方程为

$$\omega'(d)H\left(\psi^+\right) + \frac{G_c}{l_0}(d - l_0^2\Delta d) = 0, \text{ 在}\Omega\text{上} \tag{3-56}$$

$$\nabla d \cdot \boldsymbol{n} = 0, \text{ 在}\partial\Omega\text{上} \tag{3-57}$$

可以发现，使用能量分解后，由于退化函数只作用在 $\psi^+$ 上，这导致位移场方程 (3-53) 变为非线性的，也因此称这种模型为 "能量各向异性" 相场模型。这里各向异性的意义不同于材料的各向同性和异性定义，而是指能量密度函数的退化方式。在不进行能量分解的传统相场模型中，位移场方程 (3-24) 为线性的，显然其计算可以高效地进行。正如上面提到的，这种模型由于允许相场在受压的情况下发生演化，并允许裂纹面的相互侵入，所以在很多问题当中无法得到比较准确的结果。而采用能量分解的能量各向异性模型，可以很好地解决上述问题。但是在求解过程中，由于位移场控制方程的非线性，降低了计算效率。

为了解决这个问题，Ambati 等提出了一种混合相场模型 [5]。其位移场方程为

$$\nabla \cdot [\omega(d)\boldsymbol{\sigma}] + \boldsymbol{f} = 0, \ 在\Omega上 \tag{3-58}$$

$$\omega(d)\boldsymbol{\sigma} \cdot \boldsymbol{n} = \bar{\boldsymbol{t}}, \ 在\partial\Omega_t上 \tag{3-59}$$

$$\boldsymbol{u} = \bar{\boldsymbol{u}}, \ 在\partial\Omega_u上 \tag{3-60}$$

而相场方程为

$$\omega'(d)H\left(\psi^+\right) + \frac{G_c}{l_0}(d - l_0^2\Delta d) = 0, \ 在\Omega上 \tag{3-61}$$

$$\nabla d \cdot \boldsymbol{n} = 0, \ 在\partial\Omega上 \tag{3-62}$$

Ambati 混合相场模型，与能量分解的相场模型 (3-53)~(3-57) 不同，仅对相场演化驱动力中的应变能进行了分解，以保证只有与损伤有关的能量才会驱动相场演化，而平衡方程 (3-58) 中依然采用了对名义应力进行整体退化的方式，保证了此方程的线性特征。Ambati 混合相场模型兼顾以上两种模型的优点，既保证了模拟的精度，又可以显著地提高计算效率。

需要注意的是，Ambati 混合相场模型虽然区分了结构在受压和受拉情况下不同的断裂行为，但仍然会发生裂纹面的相互侵入现象。如要避免这个现象，则需要在数值模拟时进行特殊处理，即

$$d = 0, \ 当\psi^+ < \psi^-时 \tag{3-63}$$

至此，本节已经介绍了两种常用的能量分解方式，当然还有其他的能量分解方式，需要针对具体情况进行考虑，在此不进行过多介绍，有兴趣的读者请参阅文献 [5,6]。

## 3.4 数值求解方法

在二维、三维相场模型的基本方程、变分原理建立后，下一步就是求解。目前，尚未见到二维、三维相场问题的解析解，这主要是由于数学上的复杂性。通常，相场模型采用有限元离散的方式进行求解，本节以 Ambati 混合相场模型和平面四节点四边形等参单元为例，介绍有限元方程的构建以及求解格式。

对于任意四边形单元，使用等参变换将物理坐标系 $(x, y)$ 转换到自然坐标系 $(\xi, \eta)(-1 \leqslant \xi, \eta \leqslant 1)$，得到一个标准的平面四节点四边形等参单元 $e$，如图 3-5 所示。在自然坐标系下的插值函数为

$$N_i(\xi, \eta) = \frac{1}{4}\left(1 + \xi\xi_i\right)\left(1 + \eta\eta_i\right), \quad i = 1, 2, 3, 4 \tag{3-64}$$

$i$ 为节点编号。而等参变换的雅可比矩阵为

$$\boldsymbol{J} = \begin{bmatrix} J_{11} & J_{12} \\ J_{21} & J_{22} \end{bmatrix} = \begin{bmatrix} \dfrac{\partial N_1}{\partial \xi} & \dfrac{\partial N_2}{\partial \xi} & \dfrac{\partial N_3}{\partial \xi} & \dfrac{\partial N_4}{\partial \xi} \\ \dfrac{\partial N_1}{\partial \eta} & \dfrac{\partial N_2}{\partial \eta} & \dfrac{\partial N_3}{\partial \eta} & \dfrac{\partial N_4}{\partial \eta} \end{bmatrix} \begin{bmatrix} x_1 & y_1 \\ x_2 & y_2 \\ x_3 & y_3 \\ x_4 & y_4 \end{bmatrix} \tag{3-65}$$

其中，$(x_i, y_i)$，$i = 1, 2, 3, 4$ 为单元节点在整体直角坐标系下的坐标值。

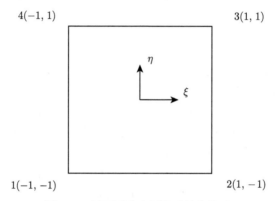

图 3-5　平面四节点四边形等参单元

这样单元 $e$ 内，在自然坐标系下的位移场就可以用插值函数表示为

$$u = N_1(\xi, \eta)u_1 + N_2(\xi, \eta)u_2 + N_3(\xi, \eta)u_3 + N_4(\xi, \eta)u_4 \tag{3-66}$$

$$v = N_1(\xi, \eta)v_1 + N_2(\xi, \eta)v_2 + N_3(\xi, \eta)v_3 + N_4(\xi, \eta)v_4 \tag{3-67}$$

写成矩阵形式为

$$\begin{bmatrix} u \\ v \end{bmatrix} = \begin{bmatrix} N_1 & 0 & N_2 & 0 & N_3 & 0 & N_4 & 0 \\ 0 & N_1 & 0 & N_2 & 0 & N_3 & 0 & N_4 \end{bmatrix} \begin{bmatrix} u_1 \\ v_1 \\ u_2 \\ v_2 \\ u_3 \\ v_3 \\ u_4 \\ v_4 \end{bmatrix} \tag{3-68}$$

或简记为

$$\boldsymbol{u} = \boldsymbol{N}^u \boldsymbol{u}^e \tag{3-69}$$

其中，$\boldsymbol{u}^e$ 为位移场在单元节点上的节点向量，$\boldsymbol{N}^u$ 为位移场所对应的单元形函数矩阵。

于是，单元 $e$ 内的应变场向量可表达为

$$\tilde{\boldsymbol{\varepsilon}} = \begin{bmatrix} \varepsilon_{xx} \\ \varepsilon_{yy} \\ \gamma_{xy} \end{bmatrix} = \boldsymbol{B}^u \boldsymbol{u}^e = \boldsymbol{H}^u \boldsymbol{Q}^u \boldsymbol{u}^e \tag{3-70}$$

其中，

$$\boldsymbol{H}^u = \frac{1}{|\boldsymbol{J}|} \begin{bmatrix} J_{22} & -J_{12} & 0 & 0 \\ 0 & 0 & -J_{21} & J_{11} \\ -J_{21} & J_{11} & J_{22} & -J_{21} \end{bmatrix} \tag{3-71}$$

$$\boldsymbol{Q}^u = \begin{bmatrix} \dfrac{\partial}{\partial \xi} & 0 \\ \dfrac{\partial}{\partial \eta} & 0 \\ 0 & \dfrac{\partial}{\partial \xi} \\ 0 & \dfrac{\partial}{\partial \eta} \end{bmatrix} \begin{bmatrix} N_1 & 0 & N_2 & 0 & N_3 & 0 & N_4 & 0 \\ 0 & N_1 & 0 & N_2 & 0 & N_3 & 0 & N_4 \end{bmatrix} \tag{3-72}$$

同理，可以对相场进行离散，在对相场进行空间离散时，当然可以采用与位移场不同的插值函数，但为了方便起见，本书相场选择与位移场同样的插值函数，即在单元 $e$ 内，相场用插值函数离散为

$$d = \begin{bmatrix} N_1 & N_2 & N_3 & N_4 \end{bmatrix} \begin{bmatrix} d_1 \\ d_2 \\ d_3 \\ d_4 \end{bmatrix} = \boldsymbol{N}^d \boldsymbol{d}^e \tag{3-73}$$

其中，$\boldsymbol{d}^e$ 为相场在单元节点上的节点向量，$\boldsymbol{N}^d$ 为相场所对应的单元形函数矩阵。

于是，可给出单元 $e$ 内的相场梯度场为

$$\nabla d = \boldsymbol{B}^d \boldsymbol{d}^e = \boldsymbol{H}^d \boldsymbol{Q}^d \boldsymbol{d}^e \tag{3-74}$$

其中，

$$\boldsymbol{H}^d = \frac{1}{|\boldsymbol{J}|} \begin{bmatrix} J_{22} & -J_{21} \\ -J_{12} & J_{11} \end{bmatrix} \tag{3-75}$$

$$Q^d = \begin{bmatrix} \dfrac{\partial N_1}{\partial \xi} & \dfrac{\partial N_2}{\partial \xi} & \dfrac{\partial N_3}{\partial \xi} & \dfrac{\partial N_4}{\partial \xi} \\[2mm] \dfrac{\partial N_1}{\partial \eta} & \dfrac{\partial N_2}{\partial \eta} & \dfrac{\partial N_3}{\partial \eta} & \dfrac{\partial N_4}{\partial \eta} \end{bmatrix} \tag{3-76}$$

将离散形式的位移场和相场代入传统相场模型的变分原理 (3-23)，在单元 $e$ 内可得

$$\delta W^e(\boldsymbol{u}^e, \boldsymbol{d}^e) = (\delta \boldsymbol{u}^e)^{\mathrm{T}}(-\boldsymbol{R}_e^u) + (\delta \boldsymbol{d}^e)^{\mathrm{T}}(-\boldsymbol{R}_e^d) = 0 \tag{3-77}$$

其中，

$$\begin{aligned} \boldsymbol{R}_e^u = &- \left[ \int_{\Omega^e} \omega(d)(\boldsymbol{B}^u)^{\mathrm{T}} \boldsymbol{D} \boldsymbol{B}^u \, |\boldsymbol{J}| \, \mathrm{d}\xi \mathrm{d}\eta \right] \boldsymbol{u}^e \\ &+ \int_{\Omega^e} (\boldsymbol{N}^u)^{\mathrm{T}} \cdot \boldsymbol{f} \, |\boldsymbol{J}| \, \mathrm{d}\xi \mathrm{d}\eta + \int_{\partial \Omega_t} (\boldsymbol{N}^u)^{\mathrm{T}} \cdot \boldsymbol{t} \, \mathrm{d}S \end{aligned} \tag{3-78}$$

$$\begin{aligned} \boldsymbol{R}_e^d = &- \left\{ \int_{\Omega^e} \frac{G_c}{l_0} \left[ (\boldsymbol{N}^d)^{\mathrm{T}} \boldsymbol{N}^d + l_0^2 (\boldsymbol{B}^d)^{\mathrm{T}} \boldsymbol{B}^d \right] |\boldsymbol{J}| \, \mathrm{d}\xi \mathrm{d}\eta \right\} \boldsymbol{d}^e \\ &- \int_{\Omega^e} \omega'(d) \psi^+(\boldsymbol{\varepsilon}) (\boldsymbol{N}^d)^{\mathrm{T}} |\boldsymbol{J}| \, \mathrm{d}\xi \mathrm{d}\eta \end{aligned} \tag{3-79}$$

这里，$\boldsymbol{D}$ 为弹性系数矩阵。

然后按照有限元法的常规，通过单元组装并同时考虑本质边界条件后，得到整体要求解的方程组为

$$\boldsymbol{R}^u = \boldsymbol{0}, \quad \boldsymbol{R}^d = 0 \tag{3-80}$$

由于位移场和相场相互耦合，上面获得的方程组是一个非线性方程组，通常需要用迭代的方式进行求解，因此，上式也是非线性迭代求解过程中的整体残差方程。

这里采用 Newton-Raphson 迭代法求解方程组 (3-80)。假设第 $k$ 个时间步上第 $l$ 次迭代所得到的结果为 $\boldsymbol{u}_l^k$ 和 $\boldsymbol{d}_l^k$，为了简洁起见，如果不做特殊声明，下文中均使用 $\boldsymbol{u}_l$ 和 $\boldsymbol{d}_l$ 来表示第 $k$ 个时间步上的变量，而忽略上标 $k$。于是，第 $l+1$ 次迭代所对应的格式为

$$\left\{ \begin{array}{c} \boldsymbol{u}_{l+1} \\ \boldsymbol{d}_{l+1} \end{array} \right\} = \left\{ \begin{array}{c} \boldsymbol{u}_l \\ \boldsymbol{d}_l \end{array} \right\} + \begin{bmatrix} \boldsymbol{K}_l^{uu} & \boldsymbol{K}_l^{ud} \\ \boldsymbol{K}_l^{du} & \boldsymbol{K}_l^{dd} \end{bmatrix}^{-1} \left\{ \begin{array}{c} \boldsymbol{R}_l^u \\ \boldsymbol{R}_l^d \end{array} \right\} \tag{3-81}$$

其中，$\boldsymbol{K}_l^{uu}$，$\boldsymbol{K}_l^{ud}$，$\boldsymbol{K}_l^{du}$，$\boldsymbol{K}_l^{dd}$ 为整体切线刚度矩阵，即整体残差对 $\boldsymbol{u}_l$ 和 $\boldsymbol{d}_l$ 的偏导数，它们可由下面的单元切线刚度矩阵通过组装而获得

$$\boldsymbol{K}_e^{uu} = -\frac{\partial \boldsymbol{R}_l^u}{\partial \boldsymbol{u}^e} = \int_{\Omega^e} \omega(d) (\boldsymbol{B}^u)^{\mathrm{T}} \boldsymbol{D} \boldsymbol{B}^u \, |\boldsymbol{J}| \, \mathrm{d}\xi \mathrm{d}\eta \tag{3-82}$$

$$K_e^{ud} = -\frac{\partial R_l^u}{\partial d^e} = \int_{\Omega^e} \omega'(d) \left(B^u\right)^{\mathrm{T}} DB^u u^e N^d \left|J\right| \mathrm{d}\xi\mathrm{d}\eta \tag{3-83}$$

$$K_e^{du} = -\frac{\partial R_l^u}{\partial u^e} = \int_{\Omega^e} \omega'(d) \left(N^d\right)^{\mathrm{T}} \left(u^e\right)^{\mathrm{T}} \left(B^u\right)^{\mathrm{T}} DB^u \left|J\right| \mathrm{d}\xi\mathrm{d}\eta \tag{3-84}$$

$$K_e^{dd} = -\frac{\partial R_l^d}{\partial d^e} = \int_{\Omega^e} H\left(\psi^+\right) \omega''(d) \left(N^d\right)^{\mathrm{T}} N^d |J| \mathrm{d}\xi\mathrm{d}\eta$$
$$+ \int_{\Omega^e} \frac{G_c}{l_0} \left[\left(N^d\right)^{\mathrm{T}} N^d + l_0^2 (B^d)^{\mathrm{T}} B^d\right] |J| \mathrm{d}\xi\mathrm{d}\eta \tag{3-85}$$

需要注意的是，为了采用 Ambati 混合相场模型，相场刚度阵的表达式 (3-85) 中采用能量密度相关的历史变量 $H(\psi^+)$ 替换了原来的历史变量 $H(\psi)$，以达到既可以考虑能量分解又保证了位移场方程是线性的。将所得到的单元刚度阵组装到总体刚度阵并处理本质边界条件后，就能够通过式 (3-81) 同时求得位移场和相场，这种迭代方式也称为整体 (monolithic) 迭代。但是相场模型中，总能量具有非凸性，这样将导致迭代求解难于收敛。

为了解决整体迭代格式难于收敛的问题，Miehe 等提出使用一种交替迭代格式，即计算一个场时假设另一个场为定值，然后交替求解。文献 [7] 已经证明，虽然总能量具有非凸性，但当一个场为定值时，总能量是凸的，因此交替迭代格式更容易收敛。交替迭代其基本流程为：已知第 $l$ 个迭代步上的位移场和相场值分别为 $u_l$ 和 $d_l$，先固定相场 $d_l$ 不变，因此第 $l+1$ 步的位移场为

$$u_{l+1} = u_l + \left[K^{uu}(u_l, d_l)\right]^{-1} R^u(u_l, d_l) \tag{3-86}$$

然后将位移场 $u_{l+1}$ 固定，计算第 $l+2$ 步的相场为

$$d_{l+2} = d_{l+1} + \left[K^{dd}(u_{l+1}, d_{l+1})\right]^{-1} R^d(u_{l+1}, d_{l+1}) \tag{3-87}$$

需要说明的是，交替迭代算法中可以任意选取被固定的场的顺序，并不影响计算效果。使用交替迭代的方法可以提高收敛稳定性。

此外，Molnár 等对上述算法还进行了一些修正，以便能够通过 ABAQUS 用户子程序实现 [8]，其格式为

$$\left\{\begin{matrix} u_{l+1} \\ d_{l+1} \end{matrix}\right\} = \left\{\begin{matrix} u_l \\ d_l \end{matrix}\right\} + \left[\begin{matrix} K_l^{uu} & 0 \\ 0 & K_l^{dd} \end{matrix}\right]^{-1} \left\{\begin{matrix} R_l^u \\ R_l^d \end{matrix}\right\} \tag{3-88}$$

这样做虽然会导致一些额外的计算，但是可以借助 ABAQUS 高效的求解器，来获得较高的计算效率。

与整体迭代求解格式不同的是，交替迭代求解格式 (3-86) 和 (3-87) 中的刚度矩阵略去了整体切线刚度阵 (见式 (3-81)) 中的非对角块矩阵，但仍然考虑了相场和位移场的耦合作用。当然，还有一些学者为了避免收敛性问题，尝试以不迭代的方式进行求解，简单地说就是把时间步长设定得非常小，直至加载完成，每一个时间步上不管收敛与否，直接推进到下一个时间步。这样的做法对时间步长的选取要求较高，在此不进行详细的讨论。

## 3.5   关于相场特征宽度的讨论

在相场模型中，相场特征宽度参数 $l_0$ 的选取是有明确的要求的，本节对此先进行初步的讨论。首先，相场特征宽度与网格划分的尺寸是有联系的，过大的网格尺寸会导致无法准确地插值出相场的分布，从而导致获得不准确的数值模拟结果。为了研究特征宽度和网格之间的关系，考虑如图 3-6 所示的一个带有预制裂纹的方板，通过有限元数值方法，可以获得域内的相场分布，进而可以直接计算出弥散裂纹面积 $A_{\Gamma l}$，通过其与理论上的裂纹面积 $A_{\Gamma} = 0.5$ 之间的比值来反映模型的精度。

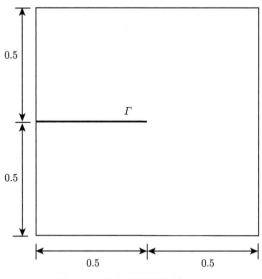

图 3-6   带有预制裂纹的方板

所得结果如图 3-7 所示，其中 $h$ 代表单元尺寸。可以发现，当 $l_0$ 较小的时候，弥散的裂纹面积远大于实际的裂纹面积，仅当 $l_0$ 与 $h$ 满足关系式：

$$l_0 > 2h \tag{3-89}$$

的时候,才能保证弥散裂纹面积的精度,事实上也是保证了断裂能描述的精度。因此,不能通过随意将特征宽度设置得很小的方法提升裂纹的精细度,这样做会导致预测结果不准确,或问题迭代过程不收敛。

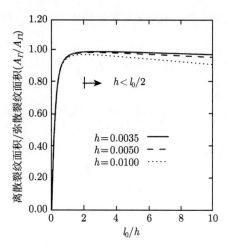

图 3-7　不同 $l_0/h$ 所对应的离散裂纹面积与弥散裂纹面积的比值 [1]

满足了式 (3-89) 的关系式,这是否意味着 $l_0$ 的选取就是任意的呢?事实上,当采用相场模型来进行数值计算的时候,常常发现 $l_0$ 的选取会影响最终的结果,通常表现为反力曲线的最大反力点的位置变化很大,即材料的强度不同。这说明 $l_0$ 不仅仅是一个描述相场分布的参数,而且与结构的断裂强度有关。下面通过一个简单的例子来说明。

如图 3-8 所示,考虑一个一维杆件受拉的问题,所占区域为 $\Omega$,长度为 $L$,杆左端固支,右端受沿 $x$ 方向的给定位移 $\hat{u}$。杨氏模量为 $E$,临界能量释放率为 $G_c$,材料强度为 $\sigma_{\max}$。此时,所考虑一维问题的平衡方程和相场演化方程分别为

$$\frac{\mathrm{d}\left[(1-d^2)\sigma_x\right]}{\mathrm{d}x} = 0, \; x \in \Omega \tag{3-90}$$

$$2(d-1)\psi + G_c(d/l_0 - l_0\Delta d) = 0, \; x \in \Omega \tag{3-91}$$

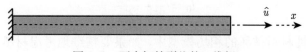

图 3-8　不含初始裂纹的一维杆

边界条件:

$$u_x(0) = 0, \quad u_x(L) = \hat{u} \tag{3-92}$$

$$\nabla d(0) = 0, \quad \nabla d(L) = 0 \tag{3-93}$$

对于达到平衡状态的系统,杆内的应力和相场均为定值。杆内的应变为

$$\varepsilon_x = \frac{\hat{u}}{L} \tag{3-94}$$

其对应的应变能为

$$\psi = \frac{1}{2}\sigma_x \varepsilon_x = \frac{E\hat{u}^2}{2L^2} \tag{3-95}$$

由此可求得此时的相场为

$$d = \frac{El_0\hat{u}^2}{El_0\hat{u}^2 + L^2 G_c} \tag{3-96}$$

进一步,可以求得应力:

$$\sigma_x(\hat{u}) = (1-d)^2 E\varepsilon_x = \frac{L^3 G_c^2 E\hat{u}}{(El_0\hat{u}^2 + L^2 G_c)^2} \tag{3-97}$$

对上式求导取极值可得

$$\sigma_x'(\hat{u}) = \left[\frac{L^3 G_c^2 E\hat{u}}{(El_0\hat{u}^2 + L^2 G_c)^2}\right]' = 0 \tag{3-98}$$

可以求得最大应力所对应的位移为

$$\hat{u}^* = \sqrt{\frac{G_c L^2}{3El_0}} \tag{3-99}$$

从而求得应力的极值为

$$\sigma_x^* = \frac{9}{16}\sqrt{\frac{EG_c}{3l_0}} \tag{3-100}$$

设该应力极值等于材料的断裂强度即 $\sigma_x^* = \sigma_{\max}$,因此可以得到 $l_0$ 与材料参数之间的关系为

$$l_0 = \frac{27}{256}\frac{EG_c}{\sigma_{\max}^2} \tag{3-101}$$

在模拟脆性材料破坏的相场模型中,如果要精细地考虑材料的强度,那么,相场特征宽度 $l_0$ 的取值显然应参考上式进行选择,从而获得一个合理的模拟结

果。然而，$l_0$ 的值同时又对裂纹的弥散宽度有着直接的影响，$l_0$ 的值越大，裂纹的弥散程度就越大，模拟得到的裂纹构型就越模糊。反之，$l_0$ 越小所模拟得到的裂纹构型就越精细。我们当然希望模拟结果可以提供一个清晰、精细的裂纹构型，这样可以准确判断裂纹的路径，但是，根据上面的推导可知，$l_0$ 的大小与材料杨氏模量、临界能量释放率以及断裂强度有关，那么就可能存在一种较差的情况，即根据材料属性计算出的 $l_0$ 非常大，甚至接近或大于结构尺寸，因为这样会导致模拟结果中裂纹模糊一片。由此看来，式 (3-101) 中的关系看似是一种完善脆性断裂相场模型的方案，但它限制了 $l_0$ 的自由选取，导致裂纹弥散程度无法自主调控，因此是不够完善的。此外，$l_0$ 的大小还和非线性迭代过程中迭代次数有重要关联，有时候大一些的 $l_0$ 可以促进迭代收敛，这更进一步说明能够自由选取 $l_0$ 是十分必要的。关于这一点，将在第 4 章内聚力相场模型中进一步讨论。

## 3.6 数 值 算 例

为方便读者更好地了解相场法的有关基本概念，以及数值模拟效果，本节提供两个简单的数值算例。算例中，相场模型应用的均是 Ambati 混合相场模型，并采用了 Miehe 所提出的能量分解方式，而退化函数选择的是式 (3-33)，单元均为平面四节点四边形等参单元。

**算例 3-1  单个单元拉伸破坏。**

考虑如图 3-9 所示的一个平面四边形单元，单元的尺寸为 1mm×1mm，对四

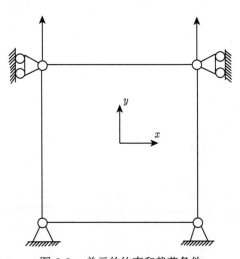

图 3-9  单元的约束和载荷条件

个节点进行如图所示的约束,上侧使用指定位移的方式加载,材料的杨氏模量为 $E = 210\mathrm{kN/mm}^2$,泊松比为 $\nu = 0.3$,临界能量释放率为 $G_c = 5 \times 10^{-3}\mathrm{kN/mm}$。

当前这个问题是可以给出解析解表达式的。首先由于相场在单元内是均匀分布的,相场梯度为 $0(\nabla d = 0)$,由于约束的存在,有 $\varepsilon_x = 0$, $\gamma_{xy} = 0$,则有

$$H = \max_{\tau \in [0,t]} \left\{ \psi_b^+(\boldsymbol{\varepsilon}) \right\} = \max_{\tau \in [0,t]} \left\{ \frac{1}{2} c_{22} \varepsilon_y^2 \right\} \tag{3-102}$$

其中,

$$c_{22} = \frac{E(1-\nu)}{(1+\nu)(1-2\nu)} \tag{3-103}$$

通过求解相场方程,可以计算出

$$d = \frac{2H}{2H + G_c/l_0} \tag{3-104}$$

进而得到 $y$ 方向的真实应力为

$$\hat{\sigma}_y = (1-d)^2 \, \sigma_y = (1-d)^2 \, c_{22} \varepsilon_y \tag{3-105}$$

使用有限元模拟,并采用交替迭代格式,对该问题进行数值求解,其中相场特征宽度取为 $l_0 = 0.1\mathrm{mm}$,本算例的 ABAQUS 计算程序请见第 8 章。图 3-10

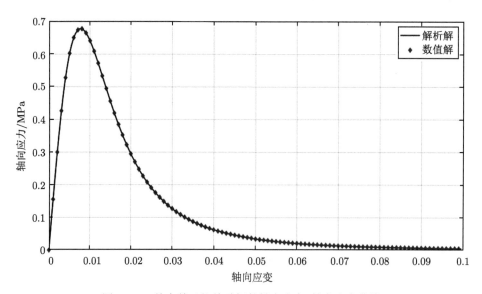

图 3-10　单个单元拉伸破坏的轴向应变–轴向应力曲线

所示的是该问题的轴向应变–轴向应力曲线，可以观察到数值结果和解析公式给出的结果是相吻合的。同时，还可以很明显地观察到相场的演化带来的刚度折减，一开始随着应变的增加，应力也会相应地增加，然后应力值达到最大，随后随着应变的增大，应力开始减小，出现软化现象，即发生材料不同程度的损伤。

**算例 3-2** 单边裂纹拉伸。

考虑如图 3-11 所示的单边裂纹拉伸问题，该平板的几何尺寸如图所示，在平板的中间有一个预制的裂纹，平板的底边固定，上端受给定位移拉伸加载。该平板的弹性模量为 $E = 210\text{kN/mm}^2$，泊松比为 $\nu = 0.3$，临界能量释放率为 $G_c = 2.7 \times 10^{-3}\text{kN/mm}$。

本算例中相场特征宽度分别取 $l_0 = 0.005\text{mm}$，$0.0075\text{mm}$ 和 $0.015\text{mm}$，而选用同样的加载方案，即加载首先通过步长 $\Delta u = 10^{-4}\text{mm}$ 加载 50 步，然后步长修改为 $\Delta u = 10^{-5}\text{mm}$ 加载 200 步。为降低求解规模和提高计算效率，在裂纹演化的路径上，使用了较为精细的网格尺寸 $h = 0.002\text{mm}$。

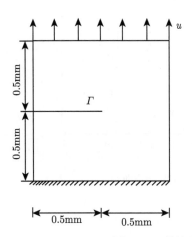
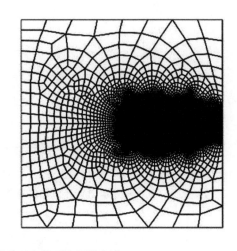

图 3-11　单边裂纹拉伸的几何构型和网格划分

图 3-12 展示了采用不同的相场特征宽度所得到的弥散裂纹，可以发现，特征宽度越小，所得到的裂纹越精细。但是，不同的特征宽度可能会导致结构的反力预测不准，在图 3-13 中，横坐标为板上表面给定的位移，纵坐标为板的上表面的竖向反力，图中的曲线又称为位移–载荷曲线。可以发现，在不同的特征宽度下，位移反力曲线的最大值是不同的，可见特征宽度对于模拟结果中的力学响应也有一定的影响，这与上文中关于特征宽度的讨论是吻合的。

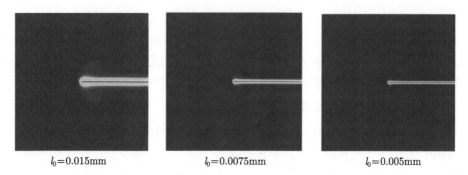

$l_0=0.015\text{mm}$　　　　$l_0=0.0075\text{mm}$　　　　$l_0=0.005\text{mm}$

图 3-12　不同特征宽度所得到的弥散裂纹

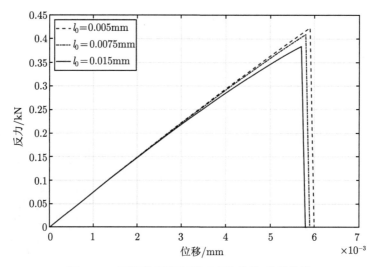

图 3-13　不同特征宽度所对应的位移-载荷曲线

# 参 考 文 献

[1] Miehe C, Welschinger F, Hofacker M. Thermodynamically consistent phase-field models of fracture: Variational principles and multi-field FE implementations. International Journal for Numerical Methods in Engineering, 2010, 83: 1273-1311.

[2] Francfort G A, Marigo J J. Revisiting brittle fracture as an energy minimization problem. Journal of the Mechanics and Physics of Solids, 1998, 46: 1319-1342.

[3] Miehe C, Hofacker M, Welschinger F. A phase field model for rate-independent crack propagation: Robust algorithmic implementation based on operator splits. Computer Methods in Applied Mechanics & Engineering, 2010, 199: 2765-2778.

[4] Amor H, Marigo J J, Maurini C. Regularized formulation of the variational brittle

fracture with unilateral contact: Numerical experiments. Journal of the Mechanics and Physics of Solids, 2009, 57: 1209-1229.

[5] Ambati M, Gerasimov T, De Lorenzis L. A review on phase-field models of brittle fracture and a new fast hybrid formulation. Computational Mechanics, 2015, 55: 383-405.

[6] Wu J Y, Nguyen V P, Nguyen C T, Sutula D, Bordas S, Sinaie S. Phase field modeling of fracture. Advances in Applied Mechancis: Multi-scale Theory and Computation, 2018: 52.

[7] Bourdin B, Francfort G A, Marigo J J. Numerical experiments in revisited brittle fracture. Journal of the Mechanics and Physics of Solids, 2000, 48: 797-826.

[8] Molnár G, Gravouil A. 2D and 3D Abaqus implementation of a robust staggered phase-field solution for modeling brittle fracture. Finite Elements in Analysis and Design, 2017, 130: 27-38.

# 第 4 章　准脆性断裂统一内聚力相场模型

内聚力模型在准脆性材料破坏分析中占据着非常重要的地位，因此将内聚力模型考虑进相场模型中是十分必要的。本章将介绍统一的内聚力相场模型，该模型可以使相场模型能够非常有效地考虑多种常用的内聚力软化关系。

## 4.1　内聚力模型

对于裂纹尖端附近塑性区长度较小的准脆性破坏问题，断裂力学中通常采用内聚力模型进行模拟。内聚力模型认为裂纹尖端前沿存在一个虚拟裂纹，并且其相对表面存在一组抑制裂纹张开的内聚力。由于内聚力的作用，虚拟裂纹尖端处的应力强度因子为零，从而消除了线弹性断裂力学中的应力奇异性问题。

最早的内聚力模型可追溯到 Dugdale[1] 和 Barenblatt[2] 的工作，图 4-1 给出了这两种模型的示意图。1960 年，在对具有穿透裂纹的大型薄板进行拉伸测试时，Dugdale 发现裂纹尖端附近的塑性区相对较小，并且集中在一条扁平的带状区域内，因此他提出了虚拟裂纹的概念，即假设裂纹尖端附近存在一条图 4-1 左侧所示的虚拟裂纹，并且该裂纹的上下表面受一对方向相反、大小等于屈服强度的内聚力。在同一时期，Barenblatt 为了研究裂纹的奇异性问题也提出了一个类似的模型，不同的是，Barenblatt 认为虚拟裂纹面上作用的内聚力是一个如图 4-1 右侧所示的分布函数，其作用可以类比于分子间的作用力，即虚拟裂纹面之间的距离越小内聚力越大，反之则内聚力越小。

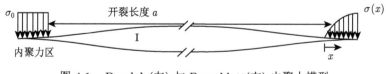

图 4-1　Dugdale(左) 与 Barenblatt(右) 内聚力模型

随着内聚力模型的发展，现在一般认为虚拟裂纹面的张开位移 $\delta$ 和内聚力 $f$ 之间存在着特殊的对应关系，即内聚力关系：

$$f = f(\delta) \tag{4-1}$$

显然，Dugdale 模型和 Barenblatt 模型也可以用上式表示，属于内聚力关系中的特例。关于 $f$ 函数的形式，即内聚力关系的定义，通常使用一些理想假设。

以图 4-2(a) 所示的双线性内聚力模型为例，裂纹张开位移 $\delta$ 和内聚力 $f$ 的关系分为两个线性阶段。① 弹性阶段，即图 4-2(a) 中所示的第一个线性阶段。在弹性阶段，$f$ 随 $\delta$ 线性增长，并当相对张开位移达到 $\delta_0$ 时，内聚力 $f$ 达到内聚力极限 $\sigma_0$。理论上，对于零厚度的虚拟裂纹来说，$\delta_0$ 的值应该为零，也就是初始斜率 $K$ 在理论上应该为无穷大。在实际模拟中，通常会选用一个足够大的 $K$ 值来避免数值不稳定等问题，一般 $K$ 可取为杨氏模量的 50 倍，以保证材料在未发生损伤的时候，虚拟裂纹的张开位移非常小，不会明显影响结构整体柔度。② 损伤软化阶段，即图 4-2(a) 中所示的第二个线性阶段，也就是说，当内聚力 $f$ 达到内聚力极限 $\sigma_0$ 后，材料由于损伤发生软化。在损伤软化阶段，内聚力 $f$ 随着 $\delta$ 的增大而线性减小，并当裂纹面张开位移达到最大值 $\delta_f$ 时，内聚力 $f$ 为零，此时材料发生完全破坏，即发生开裂，形成真实裂纹。损伤软化阶段，内聚力 $f$ 与张开位移 $\delta$ 之间的关系也常称为材料的软化关系。对于内聚力模型而言，内聚力关系所围成的面积就是开裂过程中单位面积上释放的能量，即材料的临界能量释放率：

$$G_c = \int_0^{\delta_f} f(\delta)\mathrm{d}\delta \tag{4-2}$$

因此，双线性内聚力关系中只有两个独立参数，即 $\sigma_0$ 和 $G_c$，这两个参数也被认为是材料参数，可通过实验测得。对于如图 4-2(b) 所示的指数型内聚力模型，材料在载荷作用下的力学行为是和双线性内聚力模型类似的，只是内聚力关系略有不同。

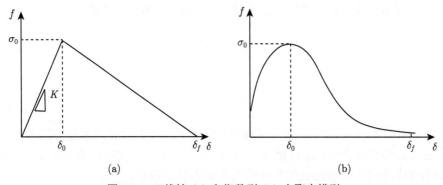

(a)  (b)

图 4-2 双线性 (a) 和指数型 (b) 内聚力模型

对采用内聚力模型描述的准脆性断裂破坏问题，传统的有限元模拟中，常用的处理方式是在潜在的裂纹路径上铺设特殊的内聚力单元，其单元内的本构方程

即为内聚力关系式 (4-1)。

目前，有多种相场模型可以考虑不同的内聚力关系。一种最直接的处理方法是仍采用铺设内聚力单元的形式显式考虑内聚力关系。但它需要增加额外变量来反映内聚力单元与相场之间的相互作用，这增加了模拟的复杂度，尤其是当裂纹演化路径不确定时。另一种处理方式是通过修改相场退化函数和面密度函数，将内聚力软化关系隐式地考虑进相场模型中。2017 年，吴建营提出的统一内聚力相场模型就属于这一类[3]，它能够非常方便地考虑多种常用的内聚力软化关系。本章将参考文献 [3,4]，介绍统一内聚力相场模型。

## 4.2　统一内聚力相场模型

相场模型所采用的退化函数通常要求满足式 (3-18) 所给出的条件，比如在传统的相场模型中，退化函数常采用 (3-33) 所示的二次多项式。不过，2011 年 Lorentz 和 Godard 在梯度损伤模型中提出了同样满足 (3-18) 的有理式形式的退化函数[5]：

$$\omega\left(d\right) = \frac{1-d}{1+\rho_0 d} \tag{4-3}$$

其中，$\rho_0$ 为正的模型常数。受到上式的启发，吴建营在其统一内聚力相场模型中提出了一种新的退化函数：

$$\omega\left(d\right) = \frac{(1-d)^p}{(1-d)^p + Q(d)} \tag{4-4}$$

式中，指数 $p > 0$ 为待定常数。而连续函数 $Q\left(d\right) > 0$，其形式为

$$Q(d) = a_1 d + a_1 a_2 d^2 + a_1 a_2 a_3 d^3 = a_1 dP(d) \tag{4-5}$$

其中记：

$$P(d) = 1 + a_2 d + a_2 a_3 d^2 \tag{4-6}$$

式 (4-5) 中的 $a_i(i = 1, 2, 3)$ 为与材料参数以及所采用的软化关系相关的常数。

在实际数值应用中，退化函数 $\omega(d)$ 还可以加上一个非常小的正常数 $\kappa$，以避免由刚度矩阵的条件数过大所导致的系统病态甚至奇异。

对于相场的面密度函数，除第 3 章中给出的式 (3-10) 外，还可以给出更一般的定义形式：

$$\gamma(d, \nabla d) = \frac{1}{c_0}\left[\frac{\alpha\left(d\right)}{l_0} + l_0|\nabla d|^2\right] \tag{4-7}$$

其中，系数 $c_0$ 满足：

$$c_0 = 4 \int_0^1 \sqrt{\alpha(s)} \mathrm{d}s \tag{4-8}$$

这里，称 $\alpha(d)$ 为裂纹几何函数 (crack geometric function)，它直接影响了损伤区域内的相场分布情况。裂纹几何函数应满足以下条件：

$$\alpha'(d) \geqslant 0, \quad \alpha(0) = 0, \quad \alpha(1) = 1 \tag{4-9}$$

在传统相场模型中，裂纹几何函数 $\alpha(d)$ 主要有以下两种形式：

$$\alpha(d) = \begin{cases} d \\ d^2 \end{cases} \tag{4-10}$$

其中，第 3 章中的脆性断裂相场模型所采用的就是 $\alpha(d) = d^2$ 的形式。在考虑一般性的情况下，统一内聚力相场模型中采用了如下多项式形式的裂纹几何函数：

$$\alpha(d) = \xi d + (1-\xi)d^2 \tag{4-11}$$

其中，$\xi$ 为常数。图 4-3 给出了 $\xi$ 取不同值下的裂纹几何函数 $\alpha(d)$，可以发现只有当 $\xi \in [0,2]$ 时，$\alpha(d)$ 是关于 $d \in [0,1]$ 的单调递增函数，因此 $\xi$ 的取值应限定在这个范围内。

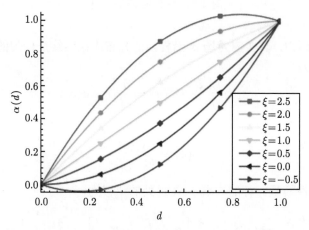

图 4-3　不同 $\xi$ 取值下的裂纹几何函数 $\alpha(d)$[4]

修改退化函数和面密度函数后，相场的演化方程 (3-27) 应修改为

$$\frac{G_c}{c_0 l_0} \left[ \alpha'(d) - 2l_0 \Delta d \right] = -\omega'(d)\psi(\boldsymbol{\varepsilon}), \text{ 在 } \Omega \text{中} \tag{4-12}$$

将上式得到的相场演化方程替换传统相场模型中的相场演化方程 (3-27)，即可获得统一内聚力相场模型。

由以上的讨论可以看出，统一内聚力相场模型中存在很多待定参数，比如退化函数中的 $p$，$a_i(i = 1, 2, 3)$，以及裂纹几何函数中的 $\xi$。这些参数可以直接或间接地影响结构内损伤的分布、内聚力软化关系以及整体的力学响应。因此，可以通过找到合适的待定参数，将内聚力软化关系隐式地考虑进相场模型中。

## 4.3　等效的内聚力软化关系

相场模型是一类损伤模型，它描述的是材料发生损伤，即出现虚拟裂纹后，其材料的力学行为。在损伤演化过程中，相场模型所描述的相对张开位移 $\delta$ 和内聚力 $f$ 之间的关系就是等效的内聚力软化关系。

为了推导给出等效的内聚力软化关系，本节参考文献 [3]，考虑如图 4-4 所示的一根足够长的杆。定义杆的区域范围为 $x \in [-L, L]$，杆的两端施加大小相等方向相反的位移 $u^*$，并且忽略体力的作用。为简单起见，假设其裂纹从对称处 $x = 0$ 起裂，且裂纹弥散在 $[-D, D]$ 范围内。

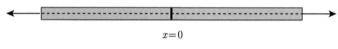

$$x = 0$$

图 4-4　含有裂纹的一维杆

由于不计体力，真实应力场 $\hat{\sigma}$ 沿杆内的分布应该始终是均匀的。因此可以得到杆内的应变为

$$\varepsilon(d) = \frac{\hat{\sigma}}{E}\omega^{-1}(d) = \frac{\hat{\sigma}}{E}\left[1 + \phi(d)\right] \tag{4-13}$$

其中，

$$\phi(d) = \frac{Q(d)}{(1-d)^p} \tag{4-14}$$

式中，$E$ 为弹性模量。杆的右端 $x = L$ 处的位移为

$$u^* = \int_0^L \frac{\hat{\sigma}}{E}\omega^{-1}(d)\mathrm{d}x = \frac{\hat{\sigma}}{E}\left[L + \int_0^D \phi(d)\mathrm{d}x\right] = \frac{\hat{\sigma}}{E}L + \frac{1}{2}\hat{u}(\hat{\sigma}) \tag{4-15}$$

式中，$\hat{u}(\hat{\sigma})$ 就是由于材料损伤而带来的位移增量：

$$\hat{u}(\hat{\sigma}) = \frac{2\hat{\sigma}}{E}\int_0^D \phi(d)\mathrm{d}x \tag{4-16}$$

进一步可将 $\hat{u}(\hat{\sigma})$ 视为虚拟裂纹的相对张开位移。将式 (4-13) 代入式 (4-12) 可得相场演化方程为

$$\frac{\hat{\sigma}^2}{2E}\phi'(d) - \frac{G_c}{c_0 l_0}\left[\alpha'(d) - 2l_0^2 \Delta d\right] = 0 \tag{4-17}$$

其中，$\alpha(0) = 0$，而相场应满足的边界条件为

$$d(x = \pm D) = 0, \quad \nabla d(x = \pm D) = 0 \tag{4-18}$$

考虑到 $\phi(d = 0) = 0$，因此对式 (4-17) 进行积分可得

$$\hat{\sigma}^2 \phi(d) - \frac{2EG_c}{c_0 l_0}\left[\alpha(d) - (l_0 \nabla d)^2\right] = 0 \tag{4-19}$$

由对称性可知，对应于一个特定的 $u^*$，相场最大值发生在 $x = 0$ 处，且 $\nabla d(x = 0) = 0$，将该相场的最大值记为 $d^*$，由上式可计算出 $x = 0$ 处的应力为

$$\hat{\sigma}(d^*) = \sqrt{\frac{2EG_c}{c_0 l_0} \cdot \frac{\alpha(d^*)}{\phi(d^*)}} \tag{4-20}$$

首先，当应力达到材料的内聚力强度极限 $\sigma_0$ 时，裂纹开始起裂，但此时相场值仍为零。根据洛必达法则，可以推导出 $\sigma_0$ 应满足的关系为

$$\sigma_0 = \lim_{d^* \to 0} \hat{\sigma} = \sqrt{\frac{2EG_c}{c_0 l_0} \cdot \frac{\alpha'(0)}{\phi'(0)}} \tag{4-21}$$

将式 (4-21) 代入式 (4-20) 可得，对于任意的 $d^*$，$x = 0$ 处的应力为

$$\hat{\sigma}(d^*) = \sigma_0 \sqrt{\frac{\phi'(0)}{\alpha'(0)} \cdot \frac{\alpha(d^*)}{\phi(d^*)}} \tag{4-22}$$

由于所考虑的杆件内应力处处相等，并且对于一维问题有

$$\nabla d = \frac{\mathrm{d}(d)}{\mathrm{d}x} \tag{4-23}$$

考虑到对于 $x > 0$，相场 $d(x)$ 是单调递减函数，因此根据式 (4-19) 可得

$$\frac{\mathrm{d}(d)}{\mathrm{d}x} = -\frac{1}{l_0}L(d, d^*) \tag{4-24}$$

其中，

$$L\left(d, d^*\right) = \sqrt{\alpha(d) - \frac{\alpha\left(d^*\right)}{\phi\left(d^*\right)}\phi(d)} \tag{4-25}$$

进而得到 $x(d, d^*)$ 和局部化半带宽 $D(d^*)$ 分别为

$$x\left(d, d^*\right) = l_0 \int_d^{d^*} L^{-1}\left(\beta, d^*\right) \mathrm{d}\beta \tag{4-26}$$

$$D\left(d^*\right) = l_0 \int_0^{d^*} L^{-1}\left(\beta, d^*\right) \mathrm{d}\beta \tag{4-27}$$

它们都与 $\alpha(d)$ 和 $\phi(d)$ 有关。以 $d$ 为自变量，那么由于损伤引起的相对张开位移式 (4-16) 可写为

$$\hat{u}(d^*) = \frac{4G_c}{c_0\sigma_{0t}}\sqrt{\frac{\alpha'(0)}{\phi'(0)}} \int_0^{d^*} \sqrt{\frac{\alpha(d^*)}{\phi(d^*)\alpha(\beta) - \phi(\beta)\alpha(d^*)}}\phi(\beta)\mathrm{d}\beta \tag{4-28}$$

可以看到，一旦给定裂纹几何函数 $\alpha(d)$ 和退化函数 $\omega(d)$，便可分别依据式 (4-28) 和式 (4-22) 确定裂纹张开位移和对应的应力，也就是说式 (4-28) 和式 (4-22) 是用参数 $d^*$ 描述的等效的内聚力软化关系。

将式 (4-4) 和 (4-11) 中的退化函数和几何函数代入式 (4-28) 和式 (4-22)，可得到应力场和张开位移的具体表达式分别为

$$\hat{\sigma}\left(d^*\right) = \sigma_0\sqrt{\frac{\left[\xi + (1 - \xi)d^*\right]\left(1 - d^*\right)^p}{\xi P\left(d^*\right)}} \tag{4-29}$$

$$\hat{u}(d^*) = \frac{4G_c\sqrt{\xi}}{c_0\sigma_0} \int_0^{d^*} \left[\frac{P(d^*)}{(1 - d^*)^p} \cdot \frac{\xi + (1 - \xi)\beta}{\xi + (1 - \xi)d^*} - \frac{P(\beta)}{(1 - \beta)^p}\right]^{-\frac{1}{2}} \cdot \frac{\sqrt{\beta}P(\beta)}{(1 - \beta)^p}\mathrm{d}\beta \tag{4-30}$$

其中，$P(d^*) = 1 + a_2 d^* + a_2 a_3 d^{*2}$。

而材料的内聚力强度极限 $\sigma_0$ 为

$$\sigma_0 = \sqrt{\frac{2EG_c}{c_0 l_0} \cdot \frac{\xi}{a_1}} \tag{4-31}$$

式 (4-29) 和 (4-30) 组成了统一内聚力相场模型的等效软化关系。

## 4.4 四种典型的内聚力相场模型

本节以四种典型的内聚力关系为例,讨论如何确定退化函数中的参数 $p, a_i (i = 1, 2, 3)$,以将特定内聚力模型的软化关系隐式地考虑进相场模型中。通常情况下,式 (4-29) 和 (4-30) 难于逐点满足特定的软化关系,因此可以要求式 (4-29) 和 (4-30) 满足软化关系的四个关键特征:① 临界能量释放率 $G_c$;② 内聚力强度极限 $\sigma_0$;③ 相对张开位移最大值 $\hat{u}_f$;④ 软化关系的初始斜率 $k_0$。或者说,可由上面的四个条件选择统一相场模型中的参数 $p$,$a_i (i = 1, 2, 3)$。

首先,式 (4-29) 和 (4-30) 推导过程中已经应用了临界能量释放率 $G_c$,因此特征条件 ① 已经满足。

然后,由式 (4-31) 可直接得到 $a_1$ 为

$$a_1 = \frac{2EG_c}{\sigma_0^2} \cdot \frac{\xi}{c_0 l_0} = \frac{2\xi}{c_0} \cdot \frac{l_{\mathrm{ch}}}{l_0} \tag{4-32}$$

其中,

$$l_{\mathrm{ch}} = \frac{EG_c}{\sigma_0^2} \tag{4-33}$$

为 Griffith 特征长度,该参数越小,就说明材料越趋于脆性。

其次,在虚拟裂纹起裂时,杆内相场值为零,而应力达到材料的内聚力强度极限 $\sigma_0$,此时由式 (4-29) 和 (4-30) 所表示的等效内聚力软化关系,可得初始斜率为

$$k_0 = \lim_{d^* \to 0} \frac{\partial \hat{\sigma}}{\partial \hat{u}} = -\frac{c_0}{4\pi} \frac{\sigma_0^2}{G_c} \frac{[\xi(a_2 + p + 1) - 1]^{3/2}}{\xi^2}, \ k_0 < 0 \tag{4-34}$$

因此,$a_2$ 的取值应为

$$a_2 = \frac{1}{\xi} \left[ \left( -\frac{4\pi\xi^2}{c_0} \cdot \frac{G_c}{\sigma_0^2} \cdot k_0 \right)^{\frac{2}{3}} + 1 \right] - (p + 1) \tag{4-35}$$

最后,取 $d^* = 1$,则由式 (4-30) 可得发生完全破坏时的相对张开位移最大值 $\hat{u}_f$ 为

$$\hat{u}_f = \frac{2\pi G_c}{c_0 \sigma_0} \sqrt{\xi P(1)} \lim_{d^* \to 1} (1 - d^*)^{1 - \frac{p}{2}} \tag{4-36}$$

显然 $\hat{u}_f$ 的极限值与 $p$ 的取值有关:

$$\hat{u}_f = \begin{cases} 0, & p < 2 \\ \dfrac{2\pi G_c}{c_0 \sigma_0} \sqrt{\xi P(1)}, & p = 2 \\ +\infty, & p > 2 \end{cases} \tag{4-37}$$

式中，$P(1) = 1 + a_2 + a_2a_3$。可见唯有 $p \geqslant 2$ 时，相对张开位移最大值 $\hat{u}_f > 0$。同时，可进一步地将 $a_3$ 选为

$$a_3 = \begin{cases} 0, & p > 2 \\ \dfrac{1}{a_2}\left[\dfrac{1}{\xi}\left(\dfrac{c_0\sigma_0\hat{u}_f}{2\pi G_c}\right)^2 - (1 + a_2)\right], & p = 2 \end{cases} \tag{4-38}$$

可以发现，$a_2$ 和 $a_3$ 均与相场特征宽度 $l_0$ 无关，而 $a_1$ 需要根据 $l_0$ 的大小来决定取值。一旦给定相场特征宽度 $l_0$、参数 $\xi$ 以及 $p$，那么 $a_1$、$a_2$ 和 $a_3$ 就可根据材料参数和所考虑的内聚力关系确定。

在统一内聚力相场模型中，吴建营建议 $\alpha(d)$ 中取参数 $\xi = 2^{[3]}$，此时裂纹几何函数为

$$\alpha(d) = 2d - d^2 \tag{4-39}$$

将上式代入式 (4-8)，可给出

$$c_0 = \pi \tag{4-40}$$

而退化函数表达式为

$$\omega(d) = \frac{(1-d)^p}{(1-d)^p + Q(d)}, \quad Q(d) = a_1d + a_1a_2d^2 + a_1a_2a_3d^3, \quad p \geqslant 2 \tag{4-41}$$

式中，系数 $a_1$、$a_2$ 和 $a_3$ 可分别取为

$$a_1 = \frac{4}{\pi} \cdot \frac{l_{ch}}{l_0} \tag{4-42}$$

$$a_2 = 2\left(-2\frac{G_c}{\sigma_0^2} \cdot k_0\right)^{\frac{2}{3}} - \left(p + \frac{1}{2}\right) \tag{4-43}$$

$$a_3 = \begin{cases} 0, & p > 2 \\ \dfrac{1}{a_2}\left[\dfrac{1}{2}\left(\dfrac{\sigma_0\hat{u}_f}{2G_c}\right)^2 - (1 + a_2)\right], & p = 2 \end{cases} \tag{4-44}$$

准脆性材料破坏模拟中通常所采用的软化关系有线性、指数型、Cornelissen 型、双曲线型等多种形式。下面介绍采用这四种常用软化关系时，统一内聚力相场模型中退化函数的选取。

### 1. 线性内聚力软化关系

线性内聚力模型中，内聚力的软化关系为

$$\sigma = \sigma_0 \max\left(1 - \frac{\sigma_0}{2G_c}\hat{u}, 0\right) \tag{4-45}$$

由上式可以给出初始软化时的斜率为

$$k_0 = -\frac{\sigma_0^2}{2G_c} \tag{4-46}$$

而虚拟裂纹完全破坏时的张开位移为

$$\hat{u}_f = \frac{2G_c}{\sigma_0} \tag{4-47}$$

首先由式 (4-37)，可知应取 $p = 2$，再将式 (4-46) 和 (4-47) 分别代入式 (4-43) 和 (4-44)，可以得到

$$a_2 = -\frac{1}{2}, \quad a_3 = 0 \tag{4-48}$$

因此对于线性内聚力模型，退化函数应取为

$$\omega(d) = \frac{(1-d)^2}{(1-d)^2 + Q(d)}, \quad Q(d) = a_1 d - \frac{1}{2}a_1 d^2 \tag{4-49}$$

将这些参数代入演化方程 (4-12)，就得到了可以考虑线性内聚力软化关系的相场模型。

### 2. 指数型内聚力软化关系

指数型内聚力模型中，内聚力的软化关系为

$$\sigma = \sigma_0 \exp\left(-\frac{\sigma_0}{G}\hat{u}\right) \tag{4-50}$$

由上式可以给出初始斜率为

$$k_0 = -\frac{\sigma_0^2}{G_c} \tag{4-51}$$

而该内聚力模型的最终张开位移为无穷大。

首先由式 (4-37)，可知应取 $p > 2$，这里取 $p = 5/2$，再根据式 (4-43) 和 (4-44)，可以得到

$$a_2 = 2^{5/3} - 3, \quad a_3 = 0 \tag{4-52}$$

因此对指数型内聚力模型，退化函数应取为

$$\omega(d) = \frac{(1-d)^2}{(1-d)^2 + Q(d)}, \quad Q(d) = a_1 d + \left(2^{5/3} - 3\right)a_1 d^2 \tag{4-53}$$

### 3. Cornelissen 型内聚力软化关系

Cornelissen 型内聚力软化曲线是由 Cornelissen 等 [6] 根据混凝土实验数据标定而得，因此在混凝土结构当中被广泛采用。Cornelissen 软化曲线以归一化 $r = \hat{u}/\hat{u}_f$ 的裂纹张开位移作为自变量，其形式如下：

$$\sigma = \sigma_0 \left[ \left(1 + \eta_1^3 r^3 \right) \exp\left(-\eta_2 r\right) - r \left(1 + \eta_1^3 \right) \exp\left(-\eta_2\right) \right] \tag{4-54}$$

式中，对于一般混凝土材料，内聚力模型系数 $\eta_1$ 和 $\eta_2$ 通常采用 $\eta_1 = 3, \eta_2 = 6.93$。

由上式可给出初始软化时的斜率和完全破坏时的最大张开位移分别为

$$k_0 = -\frac{1.3546 \cdot \sigma_0^2}{G_c} \tag{4-55}$$

和

$$\hat{u}_f = \frac{5.1361 \cdot G_c}{\sigma_0} \tag{4-56}$$

首先由式 (4-37)，可知应取 $p = 2$，再将式 (4-55) 和 (4-56) 分别代入式 (4-43) 和 (4-44)，可以得到

$$a_2 = 1.3868, \quad a_3 = 0.6567 \tag{4-57}$$

因此对 Cornelissen 型内聚力模型，退化函数应取为

$$\omega(d) = \frac{(1-d)^2}{(1-d)^2 + Q(d)}, \quad Q(d) = a_1 d + 1.3868 \cdot a_1 d^2 + 0.90107 \cdot a_1 d^3 \tag{4-58}$$

### 4. 双曲线型内聚力软化关系

双曲线型内聚力模型中，内聚力的软化关系为

$$\sigma = \sigma_0 \left(1 + \frac{\sigma_0}{G_c} \hat{u}\right)^{-2} \tag{4-59}$$

由上式可给出初始软化时的斜率为

$$k_0 = -\frac{2\sigma_0^2}{G_c} \tag{4-60}$$

与指数型内聚力模型一样，该内聚力模型的最终张开位移为无穷大，故应取 $p > 2$，这里取 $p = 4$，再根据式 (4-43) 和 (4-44)，可以得到

$$a_2 = 2^{7/3} - \frac{9}{2}, \quad a_3 = 0 \tag{4-61}$$

因此对双曲线型内聚力模型，退化函数应取为

$$\omega(d) = \frac{(1-d)^2}{(1-d)^2 + Q(d)}, \quad Q(d) = a_1 d + \left(2^{7/3} - \frac{9}{2}\right) a_1 d^2 \qquad (4\text{-}62)$$

上面分别给出了对应四种常用内聚力模型，统一内聚力相场模型中退化函数的选取。正如本节开始所介绍的，退化函数中的参数是依据软化关系的四个关键特征来选取的，内聚力相场模型中等效的软化关系 (4-29) 和 (4-30) 是难于严格逐点满足特定的内聚力模型软化关系的。为考察其近似程度，图 4-5 给出了当临界能量释放率 $G_c = 0.12\text{N/mm}$ 和 $\sigma_0 = 3.0\text{MPa}$ 时内聚力模型软化关系的理论解以及对应统一内聚力相场模型的近似解，从中可以看出，对于线性、指数型和双曲线型形式的软化关系，统一的内聚力相场模型可以给出与理论解非常吻合的结果，而对于 Cornelissen 型内聚力软化关系，其近似解与理论解之间存在着微小的差异，这主要是由于 $Q(d)$ 中忽略了高阶项的作用，不过两条曲线与两条坐标轴

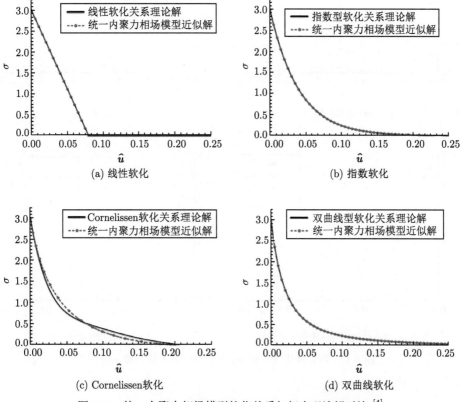

(a) 线性软化

(b) 指数软化

(c) Cornelissen 软化

(d) 双曲线软化

图 4-5 统一内聚力相场模型软化关系与相应理论解对比 [4]

所围成的面积是相等的，即断裂能是一致的。虽然存在微小的差异，但对数值模拟的影响微乎其微，可完全忽略。

需要注意的是，在统一的内聚力相场模型中，临界能量释放率和内聚力强度极限给定后，$a_1$ 值的变化只会影响相场的弥散宽度，而不会改变软化关系。图 4-6 给出了不同内聚力软化关系中，$a_1$ 的取值对于退化函数形式的影响。如图所示，随着 $a_1$ 逐渐增大，相场特征宽度 $l_0$ 逐渐减小，退化函数 $\omega(d)$ 初始斜率绝对值越来越大，这说明不同的相场特征宽度 $l_0$ 所引起的能量耗散速率有所不同，但最终都在相场值 $d$ 等于 1 时完全软化。并且如图 4-6(c) 所示，Cornelissen 软化关系对比于其他情况，在 $a_1$ 相等的情况下，它所对应的 $\omega(d)$ 的初始斜率绝对值最大。

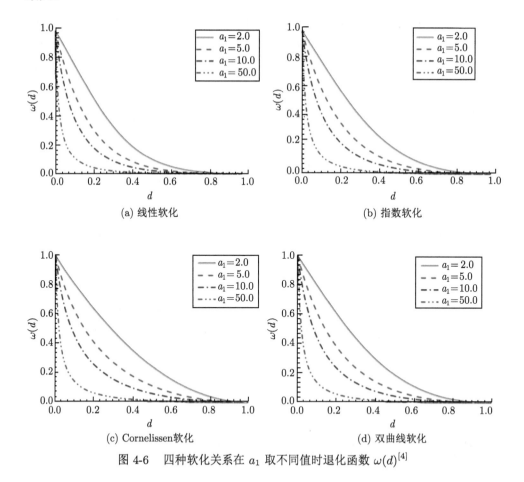

图 4-6 四种软化关系在 $a_1$ 取不同值时退化函数 $\omega(d)$[4]

# 4.5   数值算例

为让读者初步了解准脆性断裂的统一内聚力相场模型数值模拟的效果，本节提供了文献 [3] 中两个简单的数值算例。算例中，采用的都是等效 Cornelissen 型内聚力软化关系的统一内聚力相场模型，即退化函数为式 (4-58)。

**算例 4-1   三点弯曲梁 I 型破坏。**

考虑底端中部带缺口的三点弯曲梁，梁的几何尺寸以及边界条件如图 4-7 所示。材料属性为：杨氏模量 $E = 2.0 \times 10^4 \mathrm{MPa}$，泊松比 $\nu_0 = 0.2$，断裂能 $G_c = 0.113\mathrm{N/mm}$，材料强度 $\sigma_0 = 2.7\mathrm{MPa}$。数值模拟中，相场内部特征宽度分别取为 $l_0 = 2.5\mathrm{mm}$ 和 $l_0 = 1.25\mathrm{mm}$，而裂纹潜在扩展区域内的有限元网格尺寸为 $h = 0.25\mathrm{mm}$。

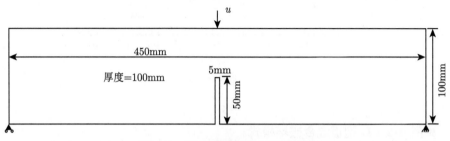

图 4-7   三点弯曲梁的几何结构图

该问题为纯 I 型破坏，可以确定裂纹将从缺口顶部出现并沿对称线扩展。模型预测的裂纹路径以及位移-载荷曲线分别如图 4-8 和图 4-9 所示，可以看到不同

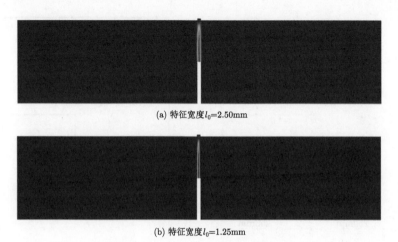

(a) 特征宽度 $l_0$=2.50mm

(b) 特征宽度 $l_0$=1.25mm

图 4-8   三点弯曲梁的裂纹扩展路径

相场内部尺寸得到的结果基本吻合,并且,裂纹路径与理想情况一致,位移-载荷曲线也和实验结果[7]基本吻合。

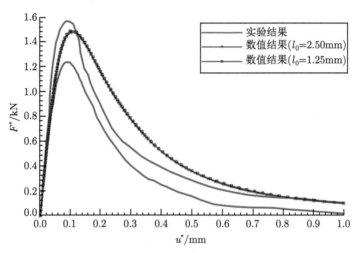

图 4-9   三点弯曲梁的位移-载荷曲线

**算例 4-2   L 型板混合破坏模式。**

考虑如图 4-10 所示的 L 型板破坏实验,该板底部固支,右侧下方受沿 $y$ 轴的集中位移载荷。材料参数为:杨氏模量 $E = 2.528 \times 10^4 \mathrm{MPa}$,泊松比 $\nu_0 = 0.18$,材料强度 $\sigma_0 = 2.7\mathrm{MPa}$,断裂能 $G_c = 0.13\mathrm{N/mm}$。数值模拟中,考虑了两种不同

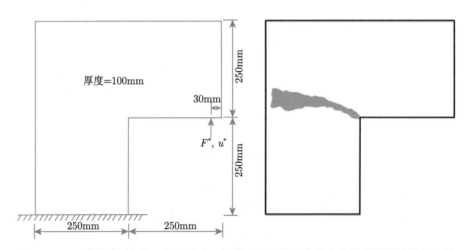

图 4-10   L 型板破坏实验:几何尺寸、加载工况及边界条件和实验观测到的裂纹路径

的网格情况，其中粗网格尺寸为 $h=1.0\text{mm}$，细网格尺寸为 $h=0.5\text{mm}$。相场内部特征宽度取 $l_0=5.0\text{mm}$。

图 4-10 还给出了实验中观察到的裂纹路径的范围 [8]，而使用相场模型预测到的不同网格尺寸的裂纹路径如图 4-11 所示。同时，实验测得的以及数值模拟得到的位移-载荷曲线在图 4-12 中给出，可以发现，无论是裂纹路径还是位移-载荷曲线，数值模拟的结果都与实验结果基本相吻合，并且数值结果对网格尺寸基本不敏感。

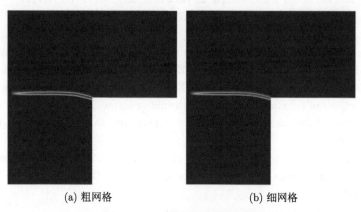

(a) 粗网格　　　　　(b) 细网格

图 4-11　L 型板数值模拟结果

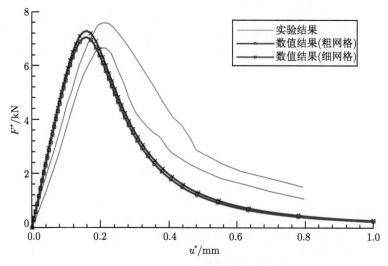

图 4-12　L 型板的位移–载荷曲线

# 参 考 文 献

[1]  Dugdale D S. Yielding of steel sheets containing slits. Journal of the Mechanics and Physics of Solids, 1960, 8(2): 100-104.

[2]  Barenblatt G I. The formation of equilibrium cracks during brittle fracture. General ideas and hypotheses. Axially-symmetric cracks. Journal of Applied Mathematics and Mechanics, 1959, 23(3): 622-636.

[3]  Wu J Y. A unified phase-field theory for the mechanics of damage and quasi-brittle failure. Journal of the Mechanics & Physics of Solids, 2017, 103: 72-99.

[4]  庄洛嘉. 基于统一相场损伤理论的混凝土破坏全过程分析应用研究. 广州：华南理工大学, 2019.

[5]  Lorentz E, Godard V. Gradient damage models: Toward full-scale computations. Computer Methods in Applied Mechanics & Engineering, 2011, 200: 1927-1944.

[6]  Cornelissen H, Hordijk D, Reinhardt H. Experimental determination of crack softening characteristics of normalweight and lightweight concrete. Heron, 1986, 31: 45-56.

[7]  Rots J. Computational Modeling of Concrete Fracture. Delft: Delft University of Technology, 1988.

[8]  Winkler B. Traglastuntersuchungen von unbewehrten und bewehrten Betonstrukturen auf der Grundlage eines objektiven Werkstoffgesetzes fürBeton. Innsbruck: Universitat Innsbruck, 2001.

# 第 5 章　动态断裂相场模型

当结构所受载荷与时间相关，或惯性力的影响不能忽略时，裂纹扩展分析就需要在动力学框架下进行。根据相场演化速率是否与时间相关可以将相场模型大致分为两种：准静态相场模型和动态相场模型。第 3 章和第 4 章介绍的就是准静态相场模型，即相场演化方程与时间无关，因此它只能采用隐式迭代算法进行求解。而在动态相场模型中，相场演化方程中存在一个与相场变化率有关的项，其位移场与相场均与时间有关，因此它需要采用时间域积分算法进行数值求解。本章将介绍动态相场模型和与之相应的时间域积分算法。

## 5.1　动态相场模型

考虑如图 5-1 所示的区域 $\Omega$，其中 $\Omega_\Gamma$ 为相场表示的弥散裂纹区域，域 $\Omega$ 内所受体力密度为 $\boldsymbol{f}$，边界 $\partial\Omega_t$ 受分布力 $\bar{\boldsymbol{t}}$，边界 $\partial\Omega_u$ 上受给定位移载荷。设域内 $\Omega$ 任意一点 $\boldsymbol{x}$ 在 $t$ 时刻的位移、速度以及加速度分别为 $\boldsymbol{u}(\boldsymbol{x},t)$、$\dot{\boldsymbol{u}}(\boldsymbol{x},t)$ 和 $\ddot{\boldsymbol{u}}(\boldsymbol{x},t)$，并且此点上相应的相场值与相场变化率分别为 $d(\boldsymbol{x},t)$ 和 $\dot{d}(\boldsymbol{x},t)$。在结构内的惯性力不可忽略时，系统所具有的动能为

$$W_k = \frac{1}{2}\int_\Omega \rho\dot{\boldsymbol{u}}\cdot\dot{\boldsymbol{u}}\mathrm{d}V \tag{5-1}$$

其中，$\rho$ 为材料质量密度。

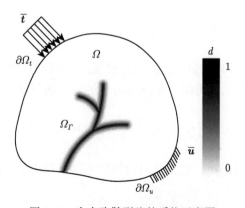

图 5-1　含有弥散裂纹的系统示意图

2010 年，Miehe 等[1] 在相场模型中引入了一个与相场变化率相关的人工黏性系数 $\eta$。本书作者将其效能类比于结构动力学中的阻尼，提出了一个相场演化耗散能概念：

$$W_v = \int_0^t \int_\Omega \frac{1}{2} \eta \dot{d}^2 \mathrm{d}V \mathrm{d}t \tag{5-2}$$

其中，$t$ 为当前时刻。需要注意的是，模拟中对于人工黏性系数 $\eta$ 的取值有着一定的要求，首先它要尽可能小，以保证 $\eta$ 引起的耗散能相对结构整体的变形能和断裂能足够小，但是过小的 $\eta$ 又会导致非常小的临界时间步长，从而影响数值模拟效率。因此在动态相场模型中需要结合计算精度和效率，合理地选择 $\eta$ 的取值。

根据 Francfort-Marigo 变分原理，所考虑区域 $\Omega$ 内的裂纹经过相场弥散后，所具有的势能为

$$W = W_b + W_d - W_{\text{ext}} \tag{5-3}$$

这里，结构的应变势能为

$$W_b = \int_\Omega \omega(d) \psi(\boldsymbol{\varepsilon}) \mathrm{d}V \tag{5-4}$$

其中，$\psi(\boldsymbol{\varepsilon})$ 为名义应变能密度函数，而 $\omega(d)$ 为退化函数，本章主要考虑脆性材料的动态破坏过程，因此退化函数的形式均取为 $\omega(d) = (1-d)^2$ [1]。

结构生成裂纹表面所耗散的断裂能为

$$W_d = \int_\Omega G_c \gamma(d, \nabla d) \mathrm{d}V \tag{5-5}$$

其中，$\gamma(d, \nabla d)$ 为裂纹面密度函数。

外力势能：

$$W_{\text{ext}} = \int_\Omega \boldsymbol{f} \cdot \boldsymbol{u} \mathrm{d}V + \int_{\partial \Omega_t} \bar{\boldsymbol{t}} \cdot \boldsymbol{u} \mathrm{d}S \tag{5-6}$$

其中，$\boldsymbol{u}$ 为结构的位移场向量，$\boldsymbol{f}$ 为体力密度，$\bar{\boldsymbol{t}}$ 为给力边界 $\partial \Omega_t$ 上的已知外力。

根据式 (5-1)~(5-6)，可给出系统所对应的拉格朗日泛函为

$$L\left(\boldsymbol{u}, \dot{\boldsymbol{u}}, d, \dot{d}\right) = W_v + W_k - W \tag{5-7}$$

设 $\boldsymbol{q} = [\boldsymbol{u}, \boldsymbol{d}]$ 和 $\dot{\boldsymbol{q}} = [\dot{\boldsymbol{u}}, \dot{\boldsymbol{d}}]$，上式所对应的拉格朗日动力学方程为

$$\frac{\mathrm{d}}{\mathrm{d}t}\left(\frac{\partial L}{\partial \dot{\boldsymbol{q}}}\right) - \frac{\partial L}{\partial \boldsymbol{q}} = 0 \tag{5-8}$$

根据式 (5-8) 可以得到该系统所对应的控制方程和边界条件：

$$\nabla \cdot \left[(1-d)^2 \, \boldsymbol{\sigma}\right] + \boldsymbol{f} = \rho \ddot{\boldsymbol{u}}, \qquad (\boldsymbol{x}, t) \in \Omega \times [0, T] \tag{5-9}$$

$$\eta \dot{d} = 2 \, (1-d) \, \psi - G_c \, (d/l_0 - l_0 \Delta d), \qquad (\boldsymbol{x}, t) \in \Omega \times [0, T] \tag{5-10}$$

$$(1-d)^2 \, \boldsymbol{\sigma} \cdot \boldsymbol{n} = \bar{\boldsymbol{t}}, \qquad (\boldsymbol{x}, t) \in \partial \Omega_t \times [0, T] \tag{5-11}$$

$$\nabla d \cdot \boldsymbol{n} = 0, \qquad (\boldsymbol{x}, t) \in \partial \Omega \times [0, T] \tag{5-12}$$

此外，还有位移边界条件

$$\boldsymbol{u} = \bar{\boldsymbol{u}}(t), \qquad (\boldsymbol{x}, t) \in \partial \Omega_u \times [0, T] \tag{5-13}$$

和初始条件

$$\boldsymbol{u} = \boldsymbol{u}_0, \quad \dot{\boldsymbol{u}} = \dot{\boldsymbol{u}}_0, \qquad \boldsymbol{x} \in \Omega, t = 0 \tag{5-14}$$

$$d = 0, \qquad \boldsymbol{x} \in \Omega, t = 0 \tag{5-15}$$

如果考虑 3.3 节中所介绍的用于保证材料的拉-压破坏异性的能量分解方式和用于阻止裂纹自愈合的历史变量 $H$，式 (5-9)~(5-11) 可以修正为

$$\nabla \cdot \left[(1-d)^2 \, \boldsymbol{\sigma}^+\right] + \nabla \cdot \boldsymbol{\sigma}^- + \boldsymbol{f} = \rho \ddot{\boldsymbol{u}}, \qquad (\boldsymbol{x}, t) \in \Omega \times [0, T] \tag{5-16}$$

$$\eta \dot{d} = 2 \, (1-d) \, H \, (\psi^+) - G_c \, (d/l_0 - l_0 \Delta d), \qquad (\boldsymbol{x}, t) \in \Omega \times [0, T] \tag{5-17}$$

$$\left[(1-d)^2 \, \boldsymbol{\sigma}^+ + \boldsymbol{\sigma}^-\right] \cdot \boldsymbol{n} = \bar{\boldsymbol{t}}, \qquad (\boldsymbol{x}, t) \in \partial \Omega_t \times [0, T] \tag{5-18}$$

## 5.2 数值求解方法

### 5.2.1 有限元离散

在有限元方法的框架下，每个单元内连续的场函数可以由其节点值通过插值函数近似给出，即

$$\boldsymbol{u} = \sum_i^n \boldsymbol{N}_i^u \boldsymbol{u}_i^e = \boldsymbol{N}^u \boldsymbol{u}^e, \quad d = \sum_i^n N_i^d d_i^e = \boldsymbol{N}^d \boldsymbol{d}^e \tag{5-19}$$

$$\ddot{\boldsymbol{u}} = \sum_i^n \boldsymbol{N}_i^u \ddot{\boldsymbol{u}}_i^e = \boldsymbol{N}^u \ddot{\boldsymbol{u}}^e, \quad \dot{d} = \sum_i^n N_i^d \dot{d}_i^e = \boldsymbol{N}^d \dot{\boldsymbol{d}}^e \tag{5-20}$$

其中，$\boldsymbol{u}$ 和 $d$ 分别为位移场和相场，$\boldsymbol{u}^e$ 和 $\boldsymbol{d}^e$ 分别为位移场和相场所对应的单元节点值向量。$\ddot{\boldsymbol{u}} = \partial^2 \boldsymbol{u}/\partial t^2$ 和 $\dot{d} = \partial d/\partial t$ 分别为加速度和相场变化率，$\ddot{\boldsymbol{u}}^e$ 和 $\dot{\boldsymbol{d}}^e$

为 $\ddot{\boldsymbol{u}}$ 和 $\dot{\boldsymbol{d}}$ 所对应的单元节点值向量，$n$ 为单元所具有的节点数。$\boldsymbol{N}^u$ 和 $\boldsymbol{N}^d$ 分别为位移场和相场所对应的单元形函数矩阵，在对位移场和相场进行空间离散时，可以采用不同的单元形函数，但为了方便起见，本书中使用了相同的单元形函数 $N_i$。对于一般的三维问题，每个节点有三个位移自由度和一个相场自由度，那么形函数矩阵可定义为

$$\boldsymbol{N}_i^u = \begin{bmatrix} N_i & 0 & 0 \\ 0 & N_i & 0 \\ 0 & 0 & N_i \end{bmatrix}, \quad N_i^d = N_i \tag{5-21}$$

于是，单元内的应变场向量和相场梯度场向量分别为

$$\tilde{\boldsymbol{\varepsilon}} = \sum_i^n \boldsymbol{B}_i^u \boldsymbol{u}_i^e = \boldsymbol{B}^u \boldsymbol{u}^e, \quad \nabla d = \sum_i^n \boldsymbol{B}_i^d \boldsymbol{d}_i^e = \boldsymbol{B}^d \boldsymbol{d}^e \tag{5-22}$$

其中，$\boldsymbol{B}^u$ 和 $\boldsymbol{B}^d$ 中元素的定义分别为

$$\boldsymbol{B}_i^u = \begin{bmatrix} \dfrac{\partial N_i}{\partial x} & 0 & \dfrac{\partial N_i}{\partial z} & \dfrac{\partial N_i}{\partial y} & 0 & \dfrac{\partial N_i}{\partial z} \\ 0 & \dfrac{\partial N_i}{\partial y} & 0 & \dfrac{\partial N_i}{\partial x} & \dfrac{\partial N_i}{\partial z} & 0 \\ 0 & 0 & 0 & 0 & \dfrac{\partial N_i}{\partial y} & \dfrac{\partial N_i}{\partial x} \end{bmatrix}^{\mathrm{T}} \tag{5-23}$$

$$\boldsymbol{B}_i^d = \begin{bmatrix} \dfrac{\partial N_i}{\partial x} & \dfrac{\partial N_i}{\partial y} & \dfrac{\partial N_i}{\partial z} \end{bmatrix}^{\mathrm{T}} \tag{5-24}$$

于是根据拉格朗日动力学方程 (5-8)，可给出所考虑的动态相场模型对应的有限元离散方程为

$$\boldsymbol{M}\ddot{\boldsymbol{u}}^N + \boldsymbol{K}^u \boldsymbol{u}^N = \boldsymbol{P}^{\text{ext}} \tag{5-25}$$

$$\boldsymbol{D}\dot{\boldsymbol{d}}^N = \boldsymbol{K}^d \boldsymbol{d}^N + \boldsymbol{P}^d \tag{5-26}$$

式中的整体矩阵和向量可由下面的单元矩阵和向量通过组装而获得

$$\boldsymbol{M}_e = \int_{\Omega^e} \rho (\boldsymbol{N}^u)^{\mathrm{T}} \boldsymbol{N}^u \mathrm{d}V \tag{5-27}$$

$$\boldsymbol{P}_e^{\text{ext}} = \int_{\Omega^e} (\boldsymbol{N}^u)^{\mathrm{T}} \boldsymbol{f} \mathrm{d}V + \int_{\partial \Omega_t^e} (\boldsymbol{N}^u)^{\mathrm{T}} \bar{\boldsymbol{t}} \mathrm{d}S \tag{5-28}$$

$$\boldsymbol{K}_e^u = \int_{\Omega^e} (\boldsymbol{B}^u)^{\mathrm{T}} \left[ (1-d)^2 \, \boldsymbol{D}^+ + \boldsymbol{D}^- \right] \boldsymbol{B}^u \mathrm{d}V \tag{5-29}$$

$$\boldsymbol{D}_e = \int_{\Omega^e} \eta (\boldsymbol{N}^d)^{\mathrm{T}} \boldsymbol{N}^d \mathrm{d}V \tag{5-30}$$

$$\boldsymbol{K}_e^d = - \int_{\Omega^e} G_c l_0 (\boldsymbol{B}^d)^{\mathrm{T}} \boldsymbol{B}^d + \left( 2H + \frac{G_c}{l_0} \right) (\boldsymbol{N}^d)^{\mathrm{T}} \boldsymbol{N}^d \mathrm{d}V \tag{5-31}$$

$$\boldsymbol{P}_e^d = \int_{\Omega^e} 2H (\boldsymbol{N}^d)^{\mathrm{T}} \mathrm{d}V \tag{5-32}$$

其中，

$$\boldsymbol{D}^\pm = \lambda R^\pm [\mathbf{l}]^{\mathrm{T}} [\mathbf{l}] + 2\mu \boldsymbol{P}^\pm \tag{5-33}$$

$$R^\pm = \frac{1}{2} \left\{ \mathrm{sign} \left[ \pm \mathrm{tr}(\boldsymbol{\varepsilon}) \right] + 1 \right\}, \quad [\mathbf{l}] = \{1, 1, 0\}^{\mathrm{T}} \tag{5-34}$$

$\lambda$ 和 $\mu$ 为拉梅常量。$\boldsymbol{P}^\pm$ 为四阶张量 $\mathbb{P}^\pm$ 的矩阵形式，其中，

$$\mathbb{P}^\pm = \frac{\partial \boldsymbol{\varepsilon}^\pm}{\partial \boldsymbol{\varepsilon}} \tag{5-35}$$

其具体形式可参考文献 [2]。

　　可以看到经过空间离散后的方程式 (5-25) 和 (5-26) 中，含有与时间有关的项，因此还需要对它们进行时间离散。将总时程离散为多个时间段，然后在每个段内分别对位移场和相场进行时间积分。时间积分法一般可分为显式积分和隐式积分，显式积分在每一时间步内效率较高，但是一般需要步长很小，比如中心差分法等。而隐式积分法则可以通过恰当的参数选择，保证积分的数值稳定性，因此一般可以取较大的时间步长，比如 Newmark 法、Wilson-$\theta$ 法等。相场模拟中一般要求网格足够密，以保证能够准确地重构离散裂纹系统的断裂能。因此，对于动态相场模型，目前一般采用差分法进行求解，以避免较密网格而带来的大规模矩阵乘法运算，可参见作者的相关文章 [3,4]。其中又根据运动平衡方程 (5-25) 和相场演化方程 (5-26) 的特点，分别采用中心差分法求解位移场问题，采用向前差分法求解相场问题。接下来的几个小节将首先简要地介绍一下差分法在动态相场模型中的应用。然后再介绍两种无条件稳定的时间积分方法，即精细积分法和切比雪夫展开方法。

### 5.2.2 中心差分法

　　对动力学问题，采用有限元法进行空间离散后，通常获得如下形式的运动方程式：

$$\boldsymbol{M} \ddot{\boldsymbol{u}}(t) + \boldsymbol{C} \dot{\boldsymbol{u}}(t) + \boldsymbol{K} \boldsymbol{u}(t) = \boldsymbol{Q}(t) \tag{5-36}$$

其中，$M$ 为质量矩阵，$C$ 为阻尼矩阵，$K$ 为刚度矩阵，$Q(t)$ 为 $t$ 时刻的等效节点力向量。假定待求解的时间域为 $[0, T]$，将其离散为 $N$ 个相等的时间段，其中每个时间段的时间间隔为 $\Delta t = T/N$，并且 $t = 0$ 时刻，位移 $u_0$、速度 $\dot{u}_0$ 由初始条件给出，则应用中心差分法 [5]，某一时刻 $t$ 的加速度和速度可由其相邻时刻的位移表示为

$$\ddot{u}_t = \frac{1}{\Delta t^2}(u_{t-\Delta t} - 2u_t + u_{t+\Delta t}), \quad \dot{u}_t = \frac{1}{2\Delta t}(-u_{t-\Delta t} + u_{t+\Delta t}) \qquad (5\text{-}37)$$

将其代回式 (5-36) 可得中心差分法的递推公式为

$$\left(\frac{1}{\Delta t^2}M + \frac{1}{2\Delta t}C\right)u_{t+\Delta t} = Q_t - \left(K - \frac{2}{\Delta t^2}M\right)u_t - \left(\frac{1}{\Delta t^2}M - \frac{1}{2\Delta t}C\right)u_{t-\Delta t} \tag{5-38}$$

若已经求得 $u_{t-\Delta t}$ 和 $u_t$，则从上式可以直接解出 $u_{t+\Delta t}$。不过需要指出的是，此算法有一个起步问题，当 $t = 0$ 时，为了计算 $u_{\Delta t}$，除了已知的 $u_0$ 以外，还需要知道 $u_{-\Delta t}$，为此利用式 (5-37) 可以得到

$$u_{-\Delta t} = u_0 - \Delta t \dot{u}_0 + \frac{\Delta t^2}{2}\ddot{u}_0 \tag{5-39}$$

其中，$u_0$ 和 $\dot{u}_0$ 由初始条件给定，而 $\ddot{u}_0$ 则可以利用 $t = 0$ 时的运动方程式得到

$$\ddot{u}_0 = M^{-1}(Q_0 - C\dot{u}_0 - Ku_0) \tag{5-40}$$

以上就是中心差分法的求解格式，不过应用中还有两点需要注意。

(1) 中心差分法是显式算法。由于递推公式是从时间 $t$ 的运动方程导出的，因此 $K$ 矩阵不出现在递推公式 (5-38) 的左端。当 $M$ 和 $C$ 是对角矩阵时，则在求解过程中可以避免大规模矩阵的求逆运算，从而可以显著提高计算的效率。事实上，对于动态相场问题 (5-25)，由于阻尼矩阵 $C$ 为零矩阵，因此可以通过使用集中质量阵的概念对 $M$ 进行对角化。这里介绍一种常用的将单元协调质量矩阵 $M^e$ 转化为单元集中质量矩阵 $M_l^e$ 的方法：

$$(M_l^e)_{ij} = \begin{cases} \displaystyle\sum_{k=1}^{n}(M^e)_{ik} = \sum_{k=1}^{n}\int_{\Omega}\rho(N_i^u)^{\mathrm{T}}N_k^u\mathrm{d}V & (j = i) \\ 0 & (j \neq i) \end{cases} \tag{5-41}$$

其中，$n$ 为单元所具有的节点数。该式的力学意义是：$M_l^e$ 中每一行的主元等于 $M^e$ 中该行所有元素之和，而主元以外的元素为零。

(2) 中心差分法是条件稳定的。中心差分法解的稳定性条件为

$$\Delta t \leqslant \Delta t_{\mathrm{cr}} = \frac{2}{\omega_n} = \frac{T_n}{\pi} \tag{5-42}$$

其中，$\omega_n$ 是系统的最高阶固有频率，$T_n$ 是系统的最小固有振动周期。原则上，可以利用一般矩阵特征值问题的求解方法得到 $T_n$。实际上只需求解系统中最小尺寸单元的最小固有振动周期 $\min T_n^{(e)}$ 即可，因为理论上可以证明，系统的最小固有振动周期 $T_n$，总是大于或者等于最小尺寸单元的最小固有振动周期 $\min T_n^{(e)}$ 的。由此可见，网格中最小尺寸的单元将决定中心差分法中时间步长的选择。它的尺寸越小，将使 $\Delta t_{\mathrm{cr}}$ 越小，从而使计算量越大，这在划分有限元网格时要予以注意。即应避免因个别单元尺寸过小，而使计算量不合理地增加 [5]。但是也不能为了增大 $\Delta t_{\mathrm{cr}}$，而使单元尺寸过大，这样将使有限元的解失真。如何对 $\min T_n^{(e)}$ 作出估计，可以采用以下两种方法：

(1) 当网格划定以后，找出尺寸最小的单元，形成单元的特征方程 $|K^{(e)} - \omega^2 M^{(e)}| = 0$，用正迭代法解出它的最大的特征值 $\omega_n$，从而得到 $T_n = 2\pi/\omega_n$。但这种方法实际计算比较麻烦。

(2) 当网格划定以后，找出尺寸最小单元的最小边长 $L$，可以近似地估计 $T_n = \pi L/c_d$，其中 $c_d$ 是声波传播速度。然后得到 $\Delta t_{\mathrm{cr}} = L/c_d$，即声波通过该单元的时间。

最后，应用中心差分法求解方程 (5-36) 的步骤可归结如下：

(1) 形成刚度矩阵 $\boldsymbol{K}$、质量矩阵 $\boldsymbol{M}$ 和阻尼矩阵 $\boldsymbol{C}$。

(2) 给定 $\boldsymbol{u}_0$，$\dot{\boldsymbol{u}}_0$，并计算 $\ddot{\boldsymbol{u}}_0$。

(3) 选择时间步长 $\Delta t$，并满足 $\Delta t < \Delta t_{\mathrm{cr}}$。

(4) 计算 $\boldsymbol{u}_{-\Delta t} = \boldsymbol{u}_0 - \Delta t \dot{\boldsymbol{u}}_0 + \dfrac{\Delta t^2}{2} \ddot{\boldsymbol{u}}_0$。

(5) 循环应用式 (5-38) 即可获得各离散时刻的位移向量。

不过需要注意的是，在求解 5.2.1 节介绍的动态相场模型时，根据式 (5-25)，循环求解格式 (5-38) 可改写为

$$\boldsymbol{u}_{t+\Delta t} = \Delta t^2 \boldsymbol{M}^{-1} \left( \boldsymbol{P}_t^{\mathrm{ext}} - \boldsymbol{P}_t^{\mathrm{int}} \right) + 2\boldsymbol{u}_t - \boldsymbol{u}_{t-\Delta t} \tag{5-43}$$

其中，$\boldsymbol{P}^{\mathrm{int}}$ 为内力向量，可由每个单元内的向量 $\boldsymbol{P}_e^{\mathrm{int}}$ 组装而成：

$$\boldsymbol{P}_e^{\mathrm{int}} = \int_{\Omega^e} (\boldsymbol{B}^u)^{\mathrm{T}} \left[ \omega\,(d)\,\tilde{\boldsymbol{\sigma}}^+ + \tilde{\boldsymbol{\sigma}}^- \right] \mathrm{d}V \tag{5-44}$$

$\tilde{\boldsymbol{\sigma}}^{\pm}$ 为名义应力张量 $\boldsymbol{\sigma}^{\pm}$ 的向量形式。采用上面的形式可以避免在模拟过程中求解式 (5-33) 中的弹性矩阵和位移场刚度阵 $\boldsymbol{K}^u$，可显著提高计算效率。

### 5.2.3　向前差分法

对于一个具有一般形式的一阶微分方程组：

$$D\dot{d}(t) = Kd(t) + Q(t) \tag{5-45}$$

假定待求解时间域为 $[0, T]$，将其离散为 $N$ 个相等的时间间隔 $\Delta t = T/N$。在 $t = 0$ 时刻的 $d_0$ 可由初始条件给出，则利用向前差分法，某一时间 $t$ 的 $\dot{d}_t$ 可以表示为

$$\dot{d}_t = \frac{1}{\Delta t}(d_{t+\Delta t} - d_t) \tag{5-46}$$

将上式代入式 (5-45) 可得向前差分法的递推公式为

$$\frac{1}{\Delta t}Dd_{t+\Delta t} = Q_t + \left(K + \frac{1}{\Delta t}D\right)d_t \tag{5-47}$$

可进一步整理为

$$d_{t+\Delta t} = d_t + \Delta t D^{-1}(Q_t + Kd_t) \tag{5-48}$$

同样，$D$ 也可以参考式 (5-41) 的方法进行对角化，以提高计算效率。

需要注意的是向前差分格式同样是条件稳定的，其临界稳定时间步长 $\Delta t_d$ 与系统的最大本征值 $\lambda_{\max}$ 相关：

$$\Delta t_d = \frac{2}{\lambda_{\max}} \tag{5-49}$$

不过在计算中，$\Delta t_d$ 也可由最小单元的最小边长 $L_{\min}$ 近似地给定为 [6]

$$\Delta t_d \approx \frac{L_{\min}^2}{2\alpha} \tag{5-50}$$

其中，$\alpha = l_0 G_c/\eta$。

对于位移-相场耦合问题，步长应该采用两者之间的最小值：

$$\Delta t_c \approx \kappa \cdot \min\{\Delta t_u, \Delta t_d\} \tag{5-51}$$

其中，$\kappa \in (0, 1]$ 为安全参数。

### 5.2.4　精细积分法

近年来，状态空间法在一些动力学问题中获得了广泛应用。它将位移和速度作为独立变量来分析结构的响应，从而降低了微分方程的阶数，即将二阶常微分

方程转化为一阶常微分方程，但这也使得方程的维数增加了 1 倍。用状态空间法求解动力学问题的内容很广泛，本节主要介绍一种钟万勰院士提出的精细积分法 [7]，并介绍如何使用精细积分法来求解与时间有关的相场模型 [8]。

对于一般形式的运动平衡方程组：

$$\boldsymbol{M}\ddot{\boldsymbol{u}}\left(t\right) + \boldsymbol{C}\dot{\boldsymbol{u}}\left(t\right) + \boldsymbol{K}\boldsymbol{u}\left(t\right) = \boldsymbol{Q}\left(t\right) \tag{5-52}$$

引入一个新变量：

$$\boldsymbol{p} = \boldsymbol{M}\dot{\boldsymbol{u}} + \frac{1}{2}\boldsymbol{C}\boldsymbol{u} \tag{5-53}$$

由上式可得

$$\dot{\boldsymbol{u}} = \boldsymbol{M}^{-1}\left(\boldsymbol{p} - \frac{1}{2}\boldsymbol{C}\boldsymbol{u}\right) = -\frac{1}{2}\boldsymbol{M}^{-1}\boldsymbol{C}\boldsymbol{u} + \boldsymbol{M}^{-1}\boldsymbol{p} \tag{5-54}$$

再将上式代入式 (5-52) 消去 $\ddot{\boldsymbol{u}}$ 和 $\dot{\boldsymbol{u}}$ 可得

$$\dot{\boldsymbol{p}} = \boldsymbol{M}\ddot{\boldsymbol{u}} + \frac{1}{2}\boldsymbol{C}\dot{\boldsymbol{u}} = \left(\frac{1}{4}\boldsymbol{C}\boldsymbol{M}^{-1}\boldsymbol{C} - \boldsymbol{K}\right)\boldsymbol{u} - \frac{1}{2}\boldsymbol{C}\boldsymbol{M}^{-1}\boldsymbol{p} + \boldsymbol{Q} \tag{5-55}$$

令变量 $\boldsymbol{q} = \boldsymbol{u}$，则原来二阶常微分方程组 (5-52) 的求解可以转化为由式 (5-53) 和 (5-55) 表示的一阶常微分方程组的形式：

$$\dot{\boldsymbol{q}} = \left(-\frac{1}{2}\boldsymbol{M}^{-1}\boldsymbol{C}\right)\boldsymbol{q} + \left(\boldsymbol{M}^{-1}\right)\boldsymbol{p} \tag{5-56}$$

$$\dot{\boldsymbol{p}} = \left(\frac{1}{4}\boldsymbol{C}\boldsymbol{M}^{-1}\boldsymbol{C} - \boldsymbol{K}\right)\boldsymbol{u} - \frac{1}{2}\boldsymbol{C}\boldsymbol{M}^{-1}\boldsymbol{p} + \boldsymbol{Q} \tag{5-57}$$

可合并为

$$\dot{\boldsymbol{v}} = \boldsymbol{H}\boldsymbol{v} + \boldsymbol{r} \tag{5-58}$$

其中，

$$\boldsymbol{v} = \begin{bmatrix} \boldsymbol{q} \\ \boldsymbol{p} \end{bmatrix}, \quad \boldsymbol{r} = \begin{bmatrix} \boldsymbol{0} \\ \boldsymbol{Q} \end{bmatrix} \tag{5-59}$$

$$\boldsymbol{H} = \begin{bmatrix} -\dfrac{1}{2}\boldsymbol{M}^{-1}\boldsymbol{C} & \boldsymbol{M}^{-1} \\ \dfrac{1}{4}\boldsymbol{C}\boldsymbol{M}^{-1}\boldsymbol{C} - \boldsymbol{K} & -\dfrac{1}{2}\boldsymbol{C}\boldsymbol{M}^{-1} \end{bmatrix} \tag{5-60}$$

由式 (5-26) 可以看到，相场问题所对应的离散方程也具有式 (5-58) 的一般形式，因此下面将主要介绍如何采用精细积分法求解式 (5-58)。需要注意的是式 (5-58) 为非齐次方程组，这里首先讨论相应的齐次方程组：

$$\dot{\boldsymbol{v}} = \boldsymbol{H}\boldsymbol{v} \tag{5-61}$$

对于定常系统，$\boldsymbol{H}$ 为常矩阵，上式的通解可写为

$$\boldsymbol{v} = \mathrm{e}^{\boldsymbol{H} \cdot t}\boldsymbol{v}_0 \tag{5-62}$$

设时间步长为 $\Delta t$，则

$$\boldsymbol{v}\left(\Delta t\right) = \mathrm{e}^{\boldsymbol{H} \cdot \Delta t}\boldsymbol{v}_0 = \boldsymbol{T} \cdot \boldsymbol{v}_0 \tag{5-63}$$

其中，

$$\boldsymbol{T} = \mathrm{e}^{\boldsymbol{H} \cdot \Delta t} \tag{5-64}$$

现在问题就归结到了 $\boldsymbol{T}$ 阵的计算，只要精细地计算出 $\boldsymbol{T}$ 阵，则时程积分就可写为

$$\boldsymbol{v}_1 = \boldsymbol{T}\boldsymbol{v}_0, \quad \boldsymbol{v}_2 = \boldsymbol{T}\boldsymbol{v}_1, \quad \cdots, \quad \boldsymbol{v}_k = \boldsymbol{T}\boldsymbol{v}_{k-1} \tag{5-65}$$

下面介绍指数矩阵的精细计算方法，其主要思想是利用加法定理，将指数矩阵做一个变换：

$$\boldsymbol{T} = \mathrm{e}^{\boldsymbol{H} \cdot \Delta t} = \left(\mathrm{e}^{\boldsymbol{H} \cdot \Delta t/m}\right)^m \tag{5-66}$$

其中，$m$ 为任意正整数，通常可取 $m = 2^N$，$N = 20$，此时 $m = 2^{20} = 1048576$。可以看到式 (5-66) 中每次叠加的小时间段为 $\tau = \Delta t/m$，一般情况下这都是一个非常小的值。因此对于 $\tau$ 的时间区段，有

$$\mathrm{e}^{\boldsymbol{H} \cdot \tau} \approx \underbrace{\boldsymbol{I} + \boldsymbol{H} \cdot \tau + \frac{1}{2!}\left(\boldsymbol{H} \cdot \tau\right)^2 + \frac{1}{3!}\left(\boldsymbol{H} \cdot \tau\right)^3 + \frac{1}{4!}\left(\boldsymbol{H} \cdot \tau\right)^4}_{\boldsymbol{T}_a} = \boldsymbol{I} + \boldsymbol{T}_a \tag{5-67}$$

其中，

$$\boldsymbol{T}_a = \boldsymbol{H} \cdot \tau + \frac{1}{2!}\left(\boldsymbol{H} \cdot \tau\right)^2 + \frac{1}{3!}\left(\boldsymbol{H} \cdot \tau\right)^3 + \frac{1}{4!}\left(\boldsymbol{H} \cdot \tau\right)^4 \tag{5-68}$$

由于步长 $\tau$ 非常小，5 项展开精度一般已经足够。并且，在数值计算时至关重要的一点是，矩阵的存储只能是上式的 $\boldsymbol{T}_a$，而不可以是 $\boldsymbol{I} + \boldsymbol{T}_a$，因为 $\boldsymbol{T}_a$ 是非常小的值，当它与 $\boldsymbol{I}$ 相加时，就成为尾数，在计算机的舍入操作时其精度将丧失殆尽。

根据式 (5-66)，$\boldsymbol{T}$ 阵可写为

$$\boldsymbol{T} = \left(\boldsymbol{I} + \boldsymbol{T}_a\right)^{2^N} = \left(\boldsymbol{I} + \boldsymbol{T}_a\right)^{2^{N-1}} \times \left(\boldsymbol{I} + \boldsymbol{T}_a\right)^{2^{N-1}} \tag{5-69}$$

这种分解一共可以循环 $N$ 次。不过需要注意：

$$(I + T_b) \times (I + T_c) = I + T_b + T_c + T_b \times T_c \tag{5-70}$$

当 $T_b$ 和 $T_c$ 都足够小时，应该将它们与 $I$ 分别存储，然后再执行下一步乘法操作。那么，式 (5-69) 中的 $N$ 次乘法可用一个简单的循环语句来实现：

$$\text{for}\,(\text{iter} = 0; \text{iter} < N; \text{iter} + +) \quad T_a = 2T_a + T_a \times T_a \tag{5-71}$$

当循环结束时执行：

$$T = I + T_a \tag{5-72}$$

因此可以给出式 (5-62) 逐步积分形式的通解为

$$v_{k+1} = T v_k \tag{5-73}$$

而对于非齐次方程组：

$$\dot{v} = Hv + r \tag{5-74}$$

通常可以采用叠加原理，将原问题的解分解为齐次方程所对应的通解和非齐次项所对应的特解。不过在 2002 年，向宇提出了一种新型的增维精细积分法[9]，该方法中首先将非齐次项利用一个 $m$ 阶多项式进行近似，然后利用增维的方式将式 (5-58) 转化为一个齐次方程组，此时该新方程组增加的维度为 $m+1$。下面将简要地介绍一下此方法。

假设在时间段 $t \in [t_k, t_{k+1}]$ 内，非齐次项 $r$ 可展开为多项式形式 $r = r_0 + r_1 t + r_2 t^2$，其中 $r_0, r_1, r_2$ 为已知向量。因此式 (5-58) 可以写成

$$\dot{v} = Hv + r_0 + r_1 t + r_2 t^2 \tag{5-75}$$

在状态变量 $v$ 中引入三个额外变量 $1, t, t^2$，并记为

$$X = [v, \quad 1, \quad t, \quad t^2]^{\mathrm{T}} \tag{5-76}$$

因此式 (5-75) 可以改写为一个齐次方程组形式：

$$\dot{X} = H^* \cdot X \tag{5-77}$$

其中，$H^*$ 为增维后的哈密顿矩阵：

$$H^* = \begin{bmatrix} H & r_0 & r_1 & r_2 \\ 0 & 0 & 0 & 0 \\ 0 & 1 & 0 & 0 \\ 0 & 0 & 2 & 0 \end{bmatrix} \tag{5-78}$$

然后就可利用式 (5-61)~(5-73) 所介绍的精细积分法对式 (5-77) 中的齐次方程组进行求解。

不过需要注意的是，对于动态相场模型，其计算规模一般都比较大，因此在进行精细积分法时会涉及大规模矩阵的乘法运算，如式 (5-71)，从而影响计算效率。为了解决这一问题，本节将介绍两种可以提高精细积分效率的方法：$\boldsymbol{T}_a$ 阵的稀疏化和计算精细积分的递推式的混合方法。

首先，有限元空间离散后所形成的矩阵规模往往比较大，但根据有限元节点连接性的特点，这些矩阵往往是比较稀疏的。利用矩阵的稀疏性，2011 年高强等提出了一种可以提高 $\boldsymbol{T}_a$ 阵计算效率的方法 [10]。根据参考文献 [10]，本节所采用的矩阵稀疏化的原则如下：首先对于动力学平衡方程，可将其对应的 $\boldsymbol{T}_a$ 划分为 $\boldsymbol{T}_a^{11}$、$\boldsymbol{T}_a^{12}$、$\boldsymbol{T}_a^{21}$、$\boldsymbol{T}_a^{22}$ 四块，假设 $\alpha_{mn}$ 为矩阵 $\boldsymbol{T}_a^{mn}$ 中绝对值最大的元素，并给定一个误差标准，如 $\varepsilon = 10^{-10}$，则检查 $\boldsymbol{T}_a^{mn}$ 中的元素，如果其绝对值小于 $\varepsilon \times |\alpha_{mn}|$，则认为此元素为零。同样的，求解相场演化方程时也可作类似处理，不过此时的 $\boldsymbol{T}_a$ 稀疏化时不用分块。

其次，精细积分方法中一般采用加法定理来计算指数矩阵，对于时变系统，在每一个时间步内都需要通过 $N$ 次矩阵相乘来计算 $\boldsymbol{T}$ 矩阵，不过随着加法定理的进行，所得到的 $\boldsymbol{T}_a$ 矩阵会变得逐渐稠密，每次循环所需的计算量也会越来越大。因此，为了提高计算效率，本节提出一种混合的计算方法。

首先，选取一个正整数 $\kappa < N$，使得式 (5-71) 执行过 $\kappa$ 次循环后，所得到的 $T_a$(为了便于区分，下文中记为 $\boldsymbol{T}_a^\kappa$) 依旧为一个较为稀疏的矩阵，因此可以认为前 $\kappa$ 次循环皆是以较高的效率执行的。

然后，根据指数矩阵的定义式 (5-66) 可知，为了得到 $\boldsymbol{T}$ 的最终形式，在 $\boldsymbol{T}_a^\kappa$ 的基础上还需要进行 $2^{N-\kappa}$ 次矩阵相乘，即

$$\boldsymbol{T} = (\boldsymbol{I} + \boldsymbol{T}_a^\kappa)^{2^{N-\kappa}} \tag{5-79}$$

将上式代入精细积分的递推格式 (5-73) 可得

$$\boldsymbol{v}_{k+1} = (\boldsymbol{I} + \boldsymbol{T}_a^\kappa)^{2^{N-\kappa}} \boldsymbol{v}_k \tag{5-80}$$

由前面的讨论可知，当 $\boldsymbol{T}_a^\kappa$ 中非零元素的个数逐渐增加后，矩阵之间的相乘运算会占用大量的计算资源，因此本节采用矩阵与向量相乘的方式计算式 (5-80)。

首先，将式 (5-80) 展开为

$$\boldsymbol{v}_{k+1} = (\boldsymbol{I} + \boldsymbol{T}_a^\kappa) \cdots (\boldsymbol{I} + \boldsymbol{T}_a^\kappa) \boldsymbol{v}_k \tag{5-81}$$

计算最后两项矩阵与向量的乘积为

$$(\boldsymbol{I} + \boldsymbol{T}_a^\kappa) \boldsymbol{v}_k = \boldsymbol{v}_k + \boldsymbol{T}_a^\kappa \boldsymbol{v}_k \tag{5-82}$$

需要注意的是，在精细积分中当前时间段 $\Delta t$ 又被分为了 $2^N$ 个小的时间间隔，从而导致每个小时间段的 $T_a$ 为一个相对于 $I$ 非常小的量，如果直接将 $T_a$ 与 $I$ 相加，小量可能会被当做尾数而舍弃，因此本节在计算式 (5-81) 时同样采用小量累加的方法，即在 (5-82) 中假设小量为

$$v_g = T_a^\kappa v_k \tag{5-83}$$

因此，式 (5-81) 中最后三项的乘积为

$$(I + T_a^\kappa)(v_k + v_g) = v_k + v_g + T_a^\kappa v_k + T_a^\kappa v_g \tag{5-84}$$

那么，以此类推式 (5-81) 中的 $2^{N-\kappa}$ 次矩阵与向量的乘积可以通过一个循环来实现：

$$\begin{aligned} &v_g = 0 \\ &\text{for } (\text{iter} = 0; \text{iter} < 2^{N-\kappa}; \text{iter} ++) \quad v_g = v_g + T_a^\kappa v_k + T_a^\kappa v_g \end{aligned} \tag{5-85}$$

当循环结束时执行：

$$v_{k+1} = v_k + v_g \tag{5-86}$$

这样就避免了较为稠密的指数矩阵之间的相乘运算，从而保证了模拟的规模与效率。

### 5.2.5 切比雪夫展开方法

为了求解大规模的瞬态热传导问题，高强等在 2021 年提出了一种精确且高效的切比雪夫展开方法 [11]。这种新的时间积分方法也可以用来求解式 (5-58)，这里简要地介绍一下相应的求解过程，不过为了与文献 [11] 中的推导保持一致，本小节中首先将式 (5-58) 中的一般形式转化为

$$\dot{v} = -Av + r \tag{5-87}$$

其中，

$$A = -H \tag{5-88}$$

式 (5-87) 的解可以写为

$$v = \exp(-At) v(0) + \int_0^t \exp(-A(t-\xi)) r(\xi) \, \mathrm{d}\xi \tag{5-89}$$

因此，设时间步长为 $\Delta t$，式 (5-89) 在 $t_{k+1}$ 时刻所给出的递推形式的解为

$$v_{k+1} = \exp(-A\Delta t) v_k + \int_0^{\Delta t} \exp(-A(\Delta t-\xi)) r(t_k + \xi) \, \mathrm{d}\xi \tag{5-90}$$

可以看到式 (5-90) 中最重要的就是要计算指数矩阵 $\exp\left(-\boldsymbol{A}\Delta t\right)$，在 5.2.4 节所介绍的精细积分方法中，此指数矩阵采用了加法定理的方式进行计算，不过正如上面所讨论的那样，加法定理会涉及大量的矩阵乘法运算，当问题规模达到一定程度后，矩阵之间的相乘运算将会占用大量的计算时间。因此文献 [11] 中高强等采用了一种切比雪夫展开的方法。

首先，对于一个指数函数有

$$\exp\left(\mathrm{i}z\cos\varphi\right) = \mathrm{J}_0\left(z\right) + 2\sum_{n=1}^{\infty}\mathrm{i}^n\mathrm{J}_n\left(z\right)\cos n\varphi \tag{5-91}$$

其中，$\mathrm{J}_n\left(z\right)$ 为第一类 $n$ 阶贝塞尔函数。假设 $z = -\mathrm{i}y$ 为一个虚数，并且 $x = \cos\varphi$，那么就有

$$\exp\left(yz\right) = \mathrm{J}_0\left(-\mathrm{i}y\right) + 2\sum_{n=1}^{\infty}\mathrm{i}^n\mathrm{J}_n\left(-\mathrm{i}y\right)\cos\left(n\cdot\arccos x\right) \tag{5-92}$$

需要注意的是

$$\mathrm{J}_n\left(-\mathrm{i}y\right) = \mathrm{J}_n\left(\mathrm{i}y\right), \quad \mathrm{J}_n\left(\mathrm{i}y\right) = \mathrm{i}^n\mathrm{I}_n\left(y\right), \quad T_n\left(x\right) = \cos\left(n\cdot\arccos x\right) \tag{5-93}$$

其中，$\mathrm{I}_n\left(y\right)$ 为修正的第一类 $n$ 阶贝塞尔函数，$T_n\left(x\right)$ 为切比雪夫多项式函数。因此式 (5-92) 可以重新写为

$$\exp\left(yz\right) = \sum_{n=0}^{\infty}\left(2 - \delta_{n,0}\right)\mathrm{I}_n\left(y\right)T_n\left(x\right) \tag{5-94}$$

其中，$x \in [-1, 1]$，$\delta_{n,0}$ 为克罗内克 $\delta$ 函数，其取值为

$$\delta_{n,0} = \begin{cases} 1, & n = 0 \\ 0, & n > 0 \end{cases} \tag{5-95}$$

因此，根据式 (5-94) 可以给出指数矩阵的切比雪夫展开形式为

$$\exp\left(-\boldsymbol{A}\Delta t\right) = \sum_{n=0}^{\infty}\alpha_n\left(\Delta t\right)T_n\left(-\boldsymbol{A}_{\mathrm{norm}}\right) \tag{5-96}$$

其中，

$$\alpha_n\left(\Delta t\right) = \left(2 - \delta_{n,0}\right)\exp\left(-\bar{\lambda}\Delta t\right)\mathrm{I}_n\left(\Delta\lambda\cdot\Delta t\right) \tag{5-97}$$

$$\bar{\lambda} = \left(\lambda_{\max} + \lambda_{\min}\right)/2 \tag{5-98}$$

$$\Delta\lambda = \left(\lambda_{\max} - \lambda_{\min}\right)/2 \tag{5-99}$$

$$\boldsymbol{A}_{\mathrm{norm}} = \left(\boldsymbol{A} - \bar{\lambda}\boldsymbol{I}\right)/\Delta\lambda \tag{5-100}$$

其中，$\lambda_{\max}$ 和 $\lambda_{\min}$ 分别为矩阵 $\boldsymbol{A}$ 的最大和最小本征值。$\boldsymbol{A}_{\mathrm{norm}}$ 为缩放矩阵，并且其本征值 $\lambda\left(\boldsymbol{A}_{\mathrm{norm}}\right) \in [-1, 1]$。$T_n\left(\boldsymbol{X}\right)$ 为切比雪夫多项式矩阵函数，其定义为

$$\begin{cases} T_0\left(\boldsymbol{X}\right) = \boldsymbol{I} \\ T_1\left(\boldsymbol{X}\right) = \boldsymbol{X} \\ T_{n+1}\left(\boldsymbol{X}\right) = 2\boldsymbol{X}T_n\left(\boldsymbol{X}\right) - T_{n-1}\left(\boldsymbol{X}\right) \end{cases} \tag{5-101}$$

需要注意的是，对于正定或者半正定的矩阵 $\boldsymbol{A}$，可以选择 $\lambda_{\min} = 0$，因此式 (5-97) 和式 (5-100) 可以重写为

$$\alpha_n\left(\Delta t\right) = \left(2 - \delta_{n,0}\right)\exp\left(-\lambda_{\max}\Delta t/2\right)\mathrm{I}_n\left(\lambda_{\max}\Delta t/2\right) \tag{5-102}$$

$$\boldsymbol{A}_{\mathrm{norm}} = \left(2\boldsymbol{A} - \lambda_{\max}\boldsymbol{I}\right)/\lambda_{\max} \tag{5-103}$$

根据上面的推导，式 (5-90) 所给出的递推形式的解可以写为

$$\boldsymbol{v}_{k+1} = \boldsymbol{v}_{k+1}^g + \boldsymbol{v}_{k+1}^p \tag{5-104}$$

其中，

$$\boldsymbol{v}_{k+1}^g = \sum_{n=0}^{N_g} \alpha_n\left(\Delta t\right) T_n\left(-\boldsymbol{A}_{\mathrm{norm}}\right) \boldsymbol{v}_k \tag{5-105}$$

$$\boldsymbol{v}_{k+1}^p = \sum_{n=0}^{N_p} T_n\left(-\boldsymbol{A}_{\mathrm{norm}}\right) \int_0^{\Delta t} \alpha_n\left(\Delta t - \xi\right) \boldsymbol{r}\left(t_k + \xi\right) \mathrm{d}\xi \tag{5-106}$$

式中，$N_g$ 和 $N_p$ 为展开的项数，其取值对计算结果的影响可参考文献 [11]。

由式 (5-106) 可以看出，当计算 $\boldsymbol{v}_{k+1}^p$ 时，首先需要进行 $N_p + 1$ 次向量积分，然后再做 $N_p(N_p + 1)/2$ 次矩阵与向量的乘积，这会导致较大的计算量，因此文献 [11] 中假设外部载荷 $\boldsymbol{r}$ 可以写成以下一般形式：

$$\boldsymbol{r}\left(t\right) = \sum_{i=1}^M \bar{r}_i\left(t\right) \boldsymbol{q}_i \tag{5-107}$$

其中，$\bar{r}_i\left(t\right)$ 为标量函数，$\boldsymbol{q}_i$ 为常数向量。根据叠加原理，可以只采用一项来介绍 $\boldsymbol{v}_{k+1}^p$ 的求解过程，即

$$\boldsymbol{r}\left(t\right) = \bar{r}\left(t\right) \boldsymbol{q} \tag{5-108}$$

将上式代入式 (5-106) 可得

$$\boldsymbol{v}_{k+1}^{p} = \sum_{n=0}^{N_p} d_n\left(t_k, \Delta t\right) T_n\left(-\boldsymbol{A}_{\mathrm{norm}}\right)\boldsymbol{q} \tag{5-109}$$

其中，

$$d_n\left(t_k, \Delta t\right) = \int_0^{\Delta t} \alpha_n\left(\Delta t - \xi\right)\bar{r}\left(t_k + \xi\right)\mathrm{d}\xi \tag{5-110}$$

需要注意的是，上式中 $d_n$ 依然与时间 $t$ 有关，即在每个时间段 $d_n$ 都需要重新计算。不过，实际上如果 $\bar{r}\left(t_k + \Delta t\right)$ 具有常用的例如多项式、调和函数、指数型衰减函数以及它们之间的乘积的形式，那么 $\bar{r}\left(t_k + \xi\right)$ 可以展开为

$$\bar{r}\left(t_k + \xi\right) = \sum_{i=1}^{N_f} b_i\left(t_k\right) s_i\left(\xi\right) \tag{5-111}$$

其中，$N_f$、$b_i$ 与 $s_i$ 均与 $\bar{r}\left(t_i + \xi\right)$ 的形式有关。因此式 (5-110) 可以写为

$$d_n\left(t_k, \eta\right) = \sum_{i=1}^{N_f} b_i\left(t_k\right) c_{n,i}\left(\Delta t\right) \tag{5-112}$$

其中，

$$c_{n,i}\left(\Delta t\right) = \int_0^{\Delta t} \alpha_n\left(\Delta t - \xi\right) s_i\left(\xi\right)\mathrm{d}\xi \tag{5-113}$$

将 $d_n$ 代入式 (5-109) 可得

$$
\begin{aligned}
\boldsymbol{v}_{k+1}^{p} &= \sum_{i=1}^{N_f} b_i\left(t_k\right)\sum_{n=0}^{N_p} c_{n,i}\left(\Delta t\right) T_n\left(-\boldsymbol{A}_{\mathrm{norm}}\right)\boldsymbol{q} \\
&= \left\{\sum_{n=0}^{N_p} \boldsymbol{\beta}_n\left(\Delta t\right) \otimes \left[T_n\left(-\boldsymbol{A}_{\mathrm{norm}}\right)\boldsymbol{q}\right]\right\}\boldsymbol{b}\left(t_k\right)
\end{aligned}
\tag{5-114}
$$

其中，

$$\boldsymbol{\beta}_n\left(\Delta t\right) = \left[c_{n,1}\left(\Delta t\right), c_{n,2}\left(\Delta t\right), \cdots, c_{n,N_f}\left(\Delta t\right)\right] \tag{5-115}$$

$$\boldsymbol{b}\left(t_k\right) = \left[b_1\left(t_k\right), b_2\left(t_k\right), \cdots, b_{N_f}\left(t_k\right)\right]^{\mathrm{T}} \tag{5-116}$$

将式 (5-114) 与式 (5-106) 对比可以看出，当采用式 (5-114) 计算 $\boldsymbol{v}_{k+1}^p$ 时仅需要 $N_p$ 次矩阵与向量的乘积操作。对时不变系统，由于式中大括号中的矩阵与时间无关，因此它只需要在模拟开始时计算一次，从而可以节省大量的模拟时间。

文献 [11] 中给出了 $\bar{r}\,(t_i + \xi)$ 取几种特定形式时，$b_i$ 与 $s_i$ 的具体表达式，比如：

(1) 多项式形式。

假设 $\bar{r}\,(t_i + \xi)$ 的形式为

$$\bar{r}\,(t_k + \xi) = \sum_{i=1}^{m+1} P_{i-1} \cdot (t_k + \xi)^{i-1} \tag{5-117}$$

其中，$P_i$ 为多项式系数。根据二项式定理，上式可以写为

$$\bar{r}\,(t_k + \xi) = \sum_{i=1}^{m+1} \left[ \sum_{j=1}^{m-i+2} \frac{(i+j-2)!}{(i-1)!\,(j-1)!} P_{i+j-2} t_k^{j-1} \right] \xi^{i-1} \tag{5-118}$$

对比式 (5-111) 可以得到 $N_f = m + 1$，并且 $b_i$ 与 $s_i$ 的表达式分别为

$$b_i\,(t_k) = \sum_{j=1}^{m-i+2} \frac{(i+j-2)!}{(i-1)!\,(j-1)!} P_{i+j-2} t_k^{j-1} \tag{5-119}$$

$$s_i\,(\xi) = \xi^{i-1} \tag{5-120}$$

因此 $c_{n,i}$ 的表达式可以给定为

$$c_{n,i}\,(\Delta t) = \int_0^{\Delta t} \alpha_n\,(\Delta t - \xi)\,\xi^{i-1}\mathrm{d}\xi \tag{5-121}$$

(2) 调和函数形式。

假设 $\bar{r}\,(t_i + \xi)$ 的形式为

$$\bar{r}\,(t_k + \xi) = H_1 \sin\,(\omega \cdot (t_k + \xi)) + H_2 \cos\,(\omega \cdot (t_k + \xi)) \tag{5-122}$$

其中，$H_1$、$H_2$ 和 $\omega$ 为常数，因此上式可以重写为

$$\bar{r}\,(t_k + \xi) = \hat{H}_1\,(t_k) \sin \omega \xi + \hat{H}_2\,(t_k) \cos \omega \xi \tag{5-123}$$

其中，

$$\begin{cases} \hat{H}_1\,(t_k) = H_1 \cos \omega t_k - H_2 \sin \omega t_k \\ \hat{H}_2\,(t_k) = H_1 \sin \omega t_k + H_2 \cos \omega t_k \end{cases} \tag{5-124}$$

对比式 (5-111) 可以得到 $N_f = 2$，并且 $b_i$ 与 $s_i$ 的表达式分别为

$$
\begin{cases}
b_1\left(t_k\right) = \hat{H}_1\left(t_k\right) \\
b_2\left(t_k\right) = \hat{H}_2\left(t_k\right)
\end{cases}
\tag{5-125}
$$

$$
\begin{cases}
s_1\left(\xi\right) = \sin\omega\xi \\
s_2\left(\xi\right) = \cos\omega\xi
\end{cases}
\tag{5-126}
$$

因此 $c_{n,i}$ 的表达式可以给定为

$$
\begin{cases}
c_{n,i}\left(\Delta t\right) = \displaystyle\int_0^{\Delta t} \alpha_n\left(\Delta t - \xi\right)\sin\omega\xi\mathrm{d}\xi \\
c_{n,i}\left(\Delta t\right) = \displaystyle\int_0^{\Delta t} \alpha_n\left(\Delta t - \xi\right)\cos\omega\xi\mathrm{d}\xi
\end{cases}
\tag{5-127}
$$

(3) 指数型衰退函数形式。

假设 $\bar{r}\left(t_k + \xi\right)$ 的形式为

$$
\bar{r}\left(t_k + \xi\right) = E_0 \exp\left(\gamma\cdot\left(t_k+\xi\right)\right) = E_0\exp\left(\gamma t_k\right)\exp\left(\gamma\xi\right)
\tag{5-128}
$$

其中，$E_0$、$\gamma < 0$ 为常数。对比式 (5-111) 可以得到 $N_f = 1$，并且 $b_i$ 与 $s_i$ 的表达式分别为

$$
b_i\left(t_k\right) = E_0\exp\left(\gamma t_k\right)
\tag{5-129}
$$

$$
s_i\left(\xi\right) = \exp\left(\gamma\xi\right)
\tag{5-130}
$$

因此 $c_{n,i}$ 的表达式可以给定为

$$
c_{n,i}\left(\Delta t\right) = \int_0^{\Delta t} \alpha_n\left(\Delta t - \xi\right)\exp\left(\gamma\xi\right)\mathrm{d}\xi
\tag{5-131}
$$

## 5.3　数　值　算　例

为了能让读者更好地了解动态相场模型，本节提供了三个动态断裂问题的数值算例，前两个算例采用了差分法，而第三个算例采用了精细积分法，并且与差分法在计算时间上进行了对比。

**算例 5-1　动态裂纹分叉问题。**

考虑一个如图 5-2 所示的存在初始裂纹的矩形板，其上下边界在 $t = 0$ 时刻受一对垂直于裂纹方向的阶跃载荷。板的厚度为 1mm，初始裂纹长度为 50mm，

板上下两侧受到阶跃载荷为 $\sigma = 1\text{MPa}$，其他表面为自由边界条件。模型材料参数为：杨氏模量 $E = 32\text{GPa}$，泊松比 $\nu = 0.2$，密度 $\rho = 2450\text{kg/m}^3$，临界能量释放率 $G_c = 3\text{J/m}^2$。相应地，可给出膨胀波波速、剪切波波速和瑞利波波速分别为 $v_d = 3810\text{m/s}$、$v_s = 2333\text{m/s}$ 和 $v_R = 2125\text{m/s}$。

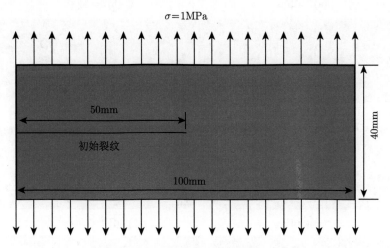

图 5-2　裂纹分叉算例几何模型和边界条件

模型采用均匀的四节点平面单元进行离散，其中网格尺寸为 $h_{\min} = 0.25\text{mm}$，网格总量为 64000，每个单元内采用 4 个高斯积分点。模型参数选取为：相场特征长度 $l_0 = 0.75\text{mm}$，相场人工黏性系数 $\eta = 3 \times 10^{-12}\text{kN·s/mm}^2$。根据式 (5-42) 和式 (5-50) 可以得到中心差分法和向前差分法所对应的临界时间步长分别为 $\Delta t_u \approx 6.6 \times 10^{-2}\mu\text{s}$ 和 $\Delta t_d \approx 4.2 \times 10^{-2}\mu\text{s}$，因此模拟中所采取的时间步长为 $\Delta t = 3 \times 10^{-2}\mu\text{s}$。图 5-3 分别给出了 $t = 27\mu\text{s}$, $36\mu\text{s}$, $45\mu\text{s}$, $54\mu\text{s}$, $63\mu\text{s}$, $72\mu\text{s}$, $81\mu\text{s}$, $90\mu\text{s}$ 时刻的裂纹路径，可以看出裂纹分叉发生在 $36\mu\text{s}$ 左右，分叉的位置在 $62\text{mm}$ 处。

图 5-4 为裂纹尖端扩展速度随时间变化的曲线。可以看到裂尖最大速度小于 $0.45v_R = 956.25\text{m/s}$，这也与实验结果 [12] 基本一致。相场模型中结构所具有真实变形能可以给定为

$$W_b = \int_\Omega \left[ (1-d)^2 \psi_e^+ + \psi_e^- \right] \mathrm{d}V \tag{5-132}$$

断裂能可以给定为

$$W_d = \int_\Omega G_c \left[ \frac{1}{2l_0} \left( d^2 + l_0^2 \left| \nabla d \right|^2 \right) \right] \mathrm{d}V \tag{5-133}$$

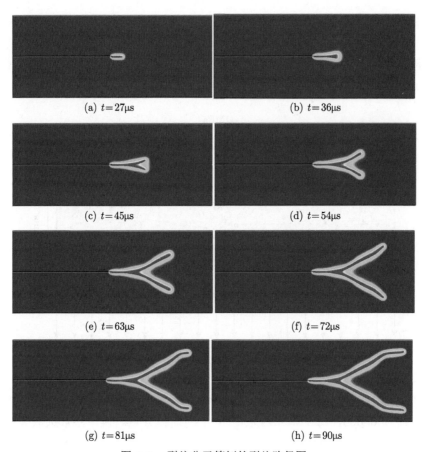

(a) $t=27\mu s$　　　　　　　　　　　　(b) $t=36\mu s$

(c) $t=45\mu s$　　　　　　　　　　　　(d) $t=54\mu s$

(e) $t=63\mu s$　　　　　　　　　　　　(f) $t=72\mu s$

(g) $t=81\mu s$　　　　　　　　　　　　(h) $t=90\mu s$

图 5-3　裂纹分叉算例的裂纹路径图

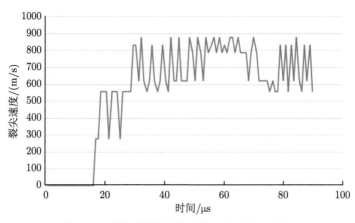

图 5-4　裂纹尖端扩展速度随时间变化的曲线

图 5-5 和图 5-6 分别为单位厚度的弹性应变能变化曲线和断裂能变化曲线,对比图 5-3 可以看出弹性应变能在第二次达到峰值之后,裂纹开始分叉,这也与文献 [13] 的结果一致,这也说明只有弹性体内的弹性应变能足够大时才能使裂纹扩展发生分叉。

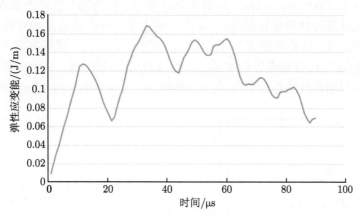

图 5-5　裂纹分叉算例的弹性应变能变化曲线

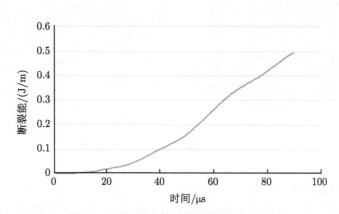

图 5-6　裂纹分叉算例的断裂能变化曲线

**算例 5-2　冲击算例。**

考虑一个如图 5-7 所示的双预开槽板受冲击载荷的问题。在 1987 年,Kalthoff 和 Winkler 通过实验研究了这个问题 [14],在实验中,载荷是通过将弹丸发射到有切口的试样上来施加的。因此,在数值模拟中,如图所示边界条件为在左侧边界上施加一个速度,并且在一微秒内从 0 增加到 16.5 m/s,并在后边的模拟中保

持不变，即

$$
v = \begin{cases} \dfrac{t}{t_0}v_0, & t \leqslant t_0 \\[2mm] v_0, & t > t_0 \end{cases} \tag{5-134}
$$

其中，$v_0 = 16.5\text{m/s}$, $t_0 = 1\mu\text{s}$。如图 5-7(a) 所示，所考虑的板和外部载荷均上下对称，因此计算可只考虑如图 5-7(b) 所示的上半部分，底边施加对称边界条件。模型材料参数为：杨氏模量 $E = 190\text{GPa}$，泊松比 $\nu = 0.3$，板厚度为 1mm，密度 $\rho = 8000\text{kg/m}^3$，临界能量释放率 $G_c = 22130\text{J/m}^2$。相应地，可给出膨胀波波速、剪切波波速和瑞利波波速分别为 $v_d = 5654\text{m/s}$、$v_s = 3022\text{m/s}$ 和 $v_R = 2803\text{m/s}$。

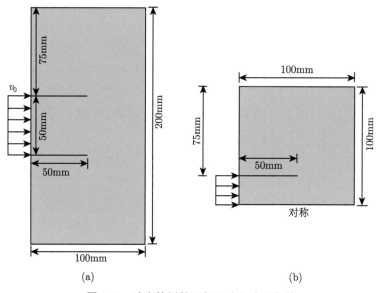

(a)                                           (b)

图 5-7　冲击算例的几何尺寸和边界条件

模型采用四节点等参单元进行离散，单元最小尺寸为 $h_{\min} = 0.1\text{mm}$，网格总量为 131951 个，每个单元内采用 1 个高斯积分点。相场模型参数为：人工黏性系数 $\eta = 1 \times 10^{-7}\text{kN·s/mm}^2$，相场特征宽度 $l_0 = 0.25\text{mm}$。根据式 (5-42) 和式 (5-50) 可以得到中心差分法和向前差分法所对应的临界时间步长分别为：$\Delta t_u \approx 1.8 \times 10^{-2}\mu\text{s}$ 和 $\Delta t_d \approx 9.0 \times 10^{-2}\mu\text{s}$，因此模拟中所采取的时间步长为 $\Delta t = 1 \times 10^{-2}\mu\text{s}$。图 5-8 分别给出了 $t = 40\mu\text{s}$, $60\mu\text{s}$, $80\mu\text{s}$, $100\mu\text{s}$ 时刻的裂纹路径，当 $t = 60\mu\text{s}$ 时，裂纹与初始缺口方向的夹角为 $70°$，当 $t = 100\mu\text{s}$ 时，裂纹尖端与初始缺口方向的夹角为 $65°$ 左右。可以看出，裂纹开始以较大的角度传播，然后随着裂纹的扩展，角度减小，这个现象与实验中观察到的结果一致 [14]。

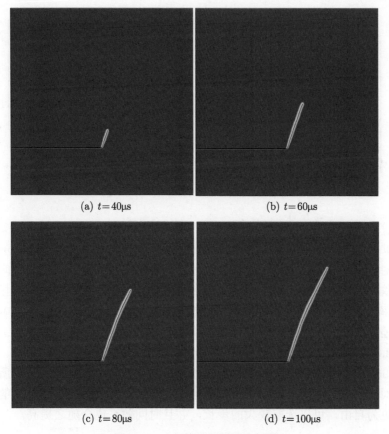

(a) $t=40\mu s$　　　　　　　　　　　　(b) $t=60\mu s$

(c) $t=80\mu s$　　　　　　　　　　　　(d) $t=100\mu s$

图 5-8　冲击算例的裂纹路径图

**算例 5-3　三点弯曲算例。**

考虑图 5-9 所示的含有偏心初始裂纹的矩形板。有限元网格采用四边形四节点等参单元，材料参数为：杨氏模量 $E = 31.37\text{GPa}$，泊松比 $\nu = 0.2$，质量密度 $\rho = 2400\text{kg/m}^3$，临界能量释放速率 $G_c = 31.1\text{J/m}^2$。板的边界条件如图 5-9 所示，上侧受到集中速度荷载，即

$$v(t) = \begin{cases} \dfrac{t}{t_0}60\text{mm/s}, & \text{当 } t < t_0,\ t_0 = 196\mu s \\ 60\text{mm/s}, & \text{当 } t \geqslant t_0 \end{cases} \tag{5-135}$$

模拟中采用的有限元网格最小的单元大小为 $h = 0.75\text{mm}$，相场特征宽度 $l_0 = 1.5\text{mm}$，人工黏性系数 $\eta = 5 \times 10^{-2}\text{N·s/m}^2$。该算例首先采用精细积分进行模拟，时间步长取为 $\Delta t = 1.0 \times 10^{-6}\text{s}$，图 5-10 为 $980\mu s$ 时刻结构的裂纹路径，其结果与文献 [15] 中报告的结果一致。

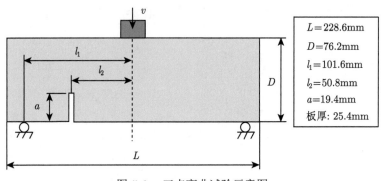

图 5-9　三点弯曲试验示意图

本算例还在精细积分方法中额外取了两个较大的时间步长，即 $\Delta t = 1.5 \times 10^{-6}$s 和 $\Delta t = 2.0 \times 10^{-6}$s，图 5-11 和图 5-12 分别为这两种步长所对应的裂纹路径。对比图 5-10 ～ 图 5-12 可以看到，在精细积分方法中，不同时间步长得到的裂纹路径基本一致。为了比较精细积分法和差分法在模拟动态相场模型中的计算效率，本算例也采用了差分法进行模拟，根据式 (5-42) 和式 (5-50) 可以得到中心差分法和向前差分法所对应的临界时间步长分别为 $\Delta t_u \approx 1.9 \times 10^{-7}$s 和 $\Delta t_d \approx 3.0 \times 10^{-7}$s，因此模拟中所采取的时间步长为 $\Delta t = 1.0 \times 10^{-7}$s。在同样计算到 960μs 的情况下，差分法以及三种不同时间步长的精细积分方法所消耗的计算时间如表 5-1 所示，从表中可以看出，相较于差分法，精细积分法的时间步长选择更为自由，可以选取较大的步长，并且时间效率也会随之提高。

表 5-1　不同时间积分方法所消耗的计算时间

| 积分方法 | 时间步长/s | 计算时间/min |
| --- | --- | --- |
| 差分法 | $1.0 \times 10^{-7}$ | 55 |
| 精细积分 | $1.0 \times 10^{-6}$ | 56 |
| 精细积分 | $1.5 \times 10^{-6}$ | 39 |
| 精细积分 | $2.0 \times 10^{-6}$ | 31 |

图 5-10　步长为 $1.0 \times 10^{-6}$s 的精细积分法在 980μs 时刻的模拟结果

图 5-11    步长为 $1.5 \times 10^{-6}$s 的精细积分法在 975μs 时刻的模拟结果

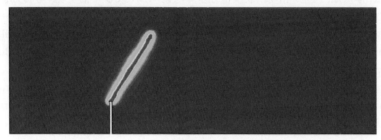

图 5-12    步长为 $2.0 \times 10^{-6}$s 的精细积分法在 980μs 时刻的模拟结果

# 参 考 文 献

[1]  Miehe C, Welschinger F, Hofacker M. Thermodynamically consistent phase-field models of fracture: Variational principles and multi-field fe implementations. International Journal for Numerical Methods in Engineering, 2010, 83: 1273-1311.

[2]  Nguyen T T, Yvonnet J, Zhu Q Z, Bornert M, Chateau C. A phase field method to simulate crack nucleation and propagation in strongly heterogeneous materials from direct imaging of their microstructure. Engineering Fracture Mechanics, 2015, 139: 18-39.

[3]  Zhang P, Hu X F, Yao W A, Bui T Q. An explicit phase field model for progressive tensile failure of composites. Engineering Fracture Mechanics, 2020: 107371.

[4]  Zhang P, Yao W A, Hu X F, Zhuang X Y. Phase field modelling of progressive failure in composites combined with cohesive element with an explicit scheme. Composite Structures, 2020: 113353.

[5]  王勖成. 有限单元法. 北京: 清华大学出版社, 2003.

[6]  Wang T, Ye X, Liu Z, Chu D, Zhuang Z. Modeling the dynamic and quasi-static compression-shear failure of brittle materials by explicit phase field method. Computational Mechanics, 2019, 64(6): 1537-1556.

[7]  钟万勰. 结构动力方程的精细时程积分法. 大连理工大学学报, 1994, 34(2): 131-136.

[8]  Hu X F, Huang X Y, Yao W A, Zhang P. Precise integration explicit phase field method for dynamic brittle fracture. Mechanics Research Communications, 2021, 113: 103698.

[9]  向宇, 黄玉盈, 黄健强. 一种新型齐次扩容精细积分法. 华中科技大学学报: 自然科学版, 2002, 30(11): 74-76.

[10]  高强, 吴锋, 张洪武, 等. 大规模动力系统改进的快速精细积分方法. 计算力学学报, 2011, 28(4): 493-498.

[11]  Gao Q, Nie C B. An accurate and efficient Chebyshev expansion method for large-scale transient heat conduction problems. Computers and Structures, 2021: 106513.

[12]  Fineberg J, Marder M. Instability in dynamic fracture. Physics Reports, 1999, 313(1): 1-108.

[13]  刘国威, 李庆斌, 左正. 相场断裂模型分步算法在 ABAQUS 中的实现. 岩石力学与工程学报, 2016, 35(5): 1019-1030.

[14]  Kalthoff J, Winkler S. Failure mode transition of high rates of shear loading.  Proceedings of the International Conference on Impact Loading and Dynamic Behavior of Materials, 1987, 1: 185-195.

[15]  Nguyen V P, Wu J Y. Modeling dynamic fracture of solids with a phase-field regularized cohesive zone model. Computer Methods in Applied Mechanics and Engineering, 2018, 340: 1000-1022.

# 第 6 章 相场模型在复合材料中的应用

纤维增强复合材料是一种被广泛用于航空、航天、汽车制造和国防工业等领域的先进材料，它具有高强度、高模量、低密度以及材料性能可设计等优点。复合材料独特的微观结构使得它在受到较大外载荷时能够发生渐进式破坏，从而吸收外部能量，增加结构的整体韧性。但这也使得其内部的破坏模式非常复杂，为数值模拟带来了巨大挑战。考虑到材料设计以及结构安全评估的需求，应大力发展复合材料渐进破坏的数值模拟手段。为此，本章将介绍用于模拟复合材料单层板破坏的各向异性相场模型，对于更加复杂的层合板破坏问题，本书不做介绍。

## 6.1 传统各向异性相场模型

纤维增强复合材料是一种由基体和增强纤维复合而成的材料，一般根据长度尺度可以分为三个分析层面，即：微观尺度、介观尺度和宏观尺度。微观尺度下，复合材料的构造如图 6-1(a) 所示，主要由同向的长纤维与基体构成，破坏时的主要形式为纤维破坏、基体破坏以及纤维/基体界面破坏。复合材料的介观尺度模型中则不显式考虑纤维，而是把图 6-1(a) 中的材料进行均匀化处理，将复合材料单层板看作是一种横观各向同性材料，此时单层板内的破坏模式可以分为纵向破坏(纤维方向)、横向破坏以及它们之间的剪切破坏。将得到的单层板按照一定的角度进行铺层就可以得到复合材料层合板。宏观尺度则要考虑每一层的层内及层间破坏。

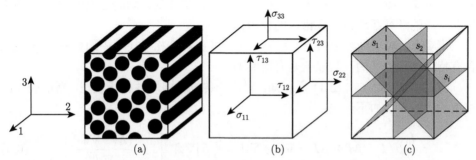

图 6-1 复合材料单层板微观结构示意图 (a) 以及其中的应力状态 (b) 和弱平面 (c)

2015 年，Clayton 等 [1] 提出了一种各向异性相场模型 (本书称之为传统各向异性相场模型), 用于模拟多晶体材料的破坏, 随后这种模型被应用到了复合材料的破坏模拟当中 [2]。为了描述材料断裂性能的方向性, 该模型引入了一个与材料方向有关的裂纹面密度泛函:

$$\gamma(d, \nabla d) = \frac{1}{2l_0}d^2 + \frac{l_0}{2}A_1 : \nabla d \otimes \nabla d \tag{6-1}$$

其中, $\boldsymbol{A}_1$ 为结构张量:

$$\boldsymbol{A}_1 = \boldsymbol{I} + \beta(\boldsymbol{I} - \boldsymbol{M} \otimes \boldsymbol{M}) \tag{6-2}$$

这里 $\boldsymbol{I}$ 为二阶单位张量, $\boldsymbol{M}$ 为垂直于纤维方向的单位向量, $\beta$ 为模型罚系数。在文献 [1] 给出的传统各向异性相场模型中, 其相场驱动力采用的是一种偏应变能量分解方式。

将裂纹面密度泛函式 (6-1) 代入式 (3-17), 就可以给出相场模型的断裂能为

$$W_d = G_m \int_\Omega \gamma(d, \nabla d)\mathrm{d}V \tag{6-3}$$

其中, 临界能量释放率为基体临界能量释放率 $G_m$。

首先需要注意的是, 对纤维增强复合材料, 这种定义式 (6-2) 在二维情况下是合适的。对于如图 6-1(c) 所示的三维情况, 由于存在无穷多个平行于纤维的弱平面, 此时 $\boldsymbol{M}$ 并不是唯一的, 也就是说式 (6-2) 中的 $\boldsymbol{A}_1$ 并不能方便地描述三维断裂性能的方向性。

余下讨论传统各向异性相场模型中罚系数 $\beta$ 的取值。一般来说, $\beta$ 越大, 纤维就越难以被切断, $\beta$ 越小, 纤维就越容易被切断。在已有文献中, 其他研究者仅仅是人为地给 $\beta$ 取了较大的值, 以保证裂纹会优先沿着断裂性能较弱的方向演化, 例如文献 [1] 中取 $\beta = 100$, 文献 [2, 3] 中取 $\beta = 20$, 但都没有给出其具体的物理意义。此外, 在极端情况下纤维也是可以破坏的, 因此过大的 $\beta$ 值可能会抑制合理的纤维断裂, 导致错误的模拟结果。

事实上, 对于纤维增强复合材料, 传统各向异性相场模型中的罚系数 $\beta$ 是隐含有特定物理意义的, 其取值是有限制的。

将式 (6-2) 代入式 (6-1) 后可知, 对比于传统各向同性相场模型, 新的裂纹面密度函数中多了如下一项:

$$\frac{l_0}{2}\beta(\boldsymbol{I} - \boldsymbol{M} \otimes \boldsymbol{M}) : \nabla d \otimes \nabla d = \frac{l_0}{2}\beta|\nabla d|^2\left[1 - \frac{(\boldsymbol{M} \cdot \nabla d)^2}{|\nabla d|^2}\right] \tag{6-4}$$

目前一般认为, 相场的梯度方向 $\nabla d$ 是与相场所表示的裂纹扩展方向垂直的, 那么从上式可以看出, 当 $\beta \to \infty$ 时: ①假如相场梯度 $\nabla d$ 与 $\boldsymbol{M}$ 垂直, 即裂纹有

垂直于纤维方向扩展的趋势，那么，式 (6-4) 所表示的断裂能面密度就会变得无穷大，进而阻碍裂纹的演化，这实际上是逼近纤维通常较难断裂的物理事实；②假如相场梯度 $\nabla d$ 与 $\boldsymbol{M}$ 相同，即裂纹有沿着纤维方向发展的趋势，那么，式 (6-4) 所表示的断裂能面密度为零，即此时 $\beta$ 并不会影响裂纹的演化过程。

将裂纹面密度函数 (6-1) 展开可得

$$\gamma\left(d, \nabla d\right)=\frac{1}{2 l_0} d^2+\frac{l_0}{2}\left[\boldsymbol{I}:\left(\nabla d \otimes \nabla d\right)+\beta\left(1-\left(\boldsymbol{M} \otimes \boldsymbol{M}\right)\right):\left(\nabla d \otimes \nabla d\right)\right] \quad (6\text{-}5)$$

上式可以进一步写为

$$\gamma\left(d, \nabla d\right)=\frac{1}{2 l_0} d^2+\frac{l_0}{2}\left|\nabla d\right|^2\left[1+\beta \sin^2 \varphi\right] \quad (6\text{-}6)$$

其中，$\phi$ 为 $\boldsymbol{M}$ 与相场梯度方向 $\nabla d$ 之间的夹角。因此，当 $\nabla d$ 垂直和平行于 $\boldsymbol{M}$ 时裂纹面密度泛函可以分别给定为

$$\gamma\left(d, \nabla d\right)=\begin{cases}\dfrac{1}{2 l_0} d^2+\dfrac{l_0}{2}\left|\nabla d\right|^2\left(1+\beta\right), & \nabla d \perp \boldsymbol{M} \\[3mm] \dfrac{1}{2 l_0} d^2+\dfrac{l_0}{2}\left|\nabla d\right|^2, & \nabla d \parallel \boldsymbol{M}\end{cases} \quad (6\text{-}7)$$

从上式可以看出当 $\nabla d \parallel \boldsymbol{M}$ 时，模型罚系数 $\beta$ 对裂纹演化没有影响；而当 $\nabla d \perp \boldsymbol{M}$ 时，裂纹面密度函数中的第二项则会被放大 $1+\beta$ 倍。

为了进一步量化地研究 $\beta$ 对不同方向上断裂性能的影响，这里考虑一个一维情况，因此相应的裂纹面密度函数 (6-6) 可以改写为

$$\gamma_{1d}\left(d, \nabla d\right)=\frac{1}{2 l_0} d^2+\frac{l_0}{2}\left(d'\right)^2\left(1+\beta \sin^2 \varphi\right) \quad (6\text{-}8)$$

其中，

$$d'=\frac{\partial d}{\partial x} \quad (6\text{-}9)$$

根据相场模型的基本理论，式 (6-8) 所对应的相场分布可由下面的变分原理得到

$$d\left(x\right)=\operatorname{Arg}\left\{\inf_{d \in W} \varGamma\left(d\right)\right\} \quad (6\text{-}10)$$

其中，

$$\varGamma=\int_{-\infty}^{+\infty} \gamma_{1d}\left(d, d'\right) \mathrm{d} x \quad (6\text{-}11)$$

而边界条件为 $W = \{d \,|\, d(0) = 1, d(\pm\infty) = 0\}$。

经过一些简单的数学推导，可以得到该变分问题的解为

$$d(x) = \mathrm{e}^{-\frac{|x|}{l_0\sqrt{1 + \beta \sin^2 \varphi}}} \tag{6-12}$$

也就是说，式 (6-12) 可以看做是一个特征宽度 $l_0$ 被放大了 $\sqrt{1 + \beta \sin^2 \varphi}$ 倍的传统相场模型所具有的相场分布。此时，单位长度裂纹所具有的断裂能为

$$W_d(\beta, \varphi) = G_m \Gamma = G_m \sqrt{1 + \beta \sin^2 \varphi} \tag{6-13}$$

考虑如图 6-2 所示的含有一条贯穿裂纹的单层板，假设裂纹已经采用相场进行了弥散。首先假设板内的纤维沿 $y$ 轴方向 (裂纹方向) 铺设，此时 $\nabla d$ 垂直于纤维方向，即 $\sin^2 \varphi = \sin^2 \langle \boldsymbol{M}, \nabla d \rangle = 0$。因此根据式 (6-13) 可知这种情况下单位长度裂纹所具有的断裂能为

$$W_d^w = G_m \tag{6-14}$$

上式实际上就是基体断裂的临界能量释放率。

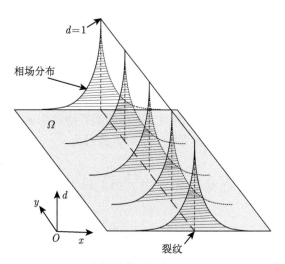

图 6-2    复合材料单层板中相场分布示意图

然后再假设图 6-2 中纤维沿 $x$ 轴方向 (垂直于裂纹方向) 铺设，此时单位长度裂纹所具有的断裂能为

$$W_d^s = \sqrt{1 + \beta}\, G_m \tag{6-15}$$

上式实际上就是纤维断裂的临界能量释放率 $G_f$。由于基体断裂和纤维断裂的临界能量释放率都是材料参数，因此有

$$G_f = \sqrt{1+\beta}G_m \tag{6-16}$$

也就是说，如果使用了罚系数 $\beta$，模型中实际隐含了一个纤维破坏的 "临界能量释放率"，其值为 $G_m\sqrt{1+\beta}$。同理，此时模型中隐含的其他不同方向上的临界能量释放率为 $G_m\sqrt{1+\beta\sin^2\varphi}$。

图 6-3 给出了取不同 $\beta$ 时不同裂纹方向所得到的断裂能，其中裂纹方向角度为 0°/180° 时表示纯基体裂纹的情况，方向角度为 90°/270° 时代表裂纹垂直切断纤维的情况，其余角度表示介于两者之间的情况。从图中可以看到当 $\beta=0$ 时，裂纹的断裂能与纤维铺设角度无关，此时模型为各向同性相场模型。当 $\beta>0$ 时，为了不失一般性，分别取 $\beta=3$ 和 $\beta=36$，从图中可以发现断裂能随 $\varphi$ 变化，当角度为 0 时，断裂能最小，且与 $\beta$ 的取值无关。当角度为 90° 时，断裂能最大，且 $\beta$ 的值越大，断裂能也越大。

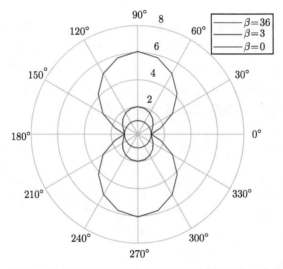

图 6-3　不同 $\beta$ 取值的情况下复合材料单层板中不同方向上的断裂能

为了进一步验证式 (6-16) 在二维数值计算中的正确性，考虑一个如图 6-4(a) 所示的含有一条竖向贯穿裂纹的复合材料单层板，设纤维方向与 $y$ 轴之间的夹角为 $\theta$，因此单位向量 $\boldsymbol{M} = [\cos\theta, \sin\theta]^{\mathrm{T}}$。人为将竖向裂纹处的相场设为 1，通过单纯地求解一次相场方程，就可以求得整体的相场分布，根据相场值，进而可以计算结构中实际的断裂能。图 6-4(b)~(h) 为 $\beta=3$ 时不同纤维铺设角度所对应的相场分布，可以看到相场的宽度会随着 $\theta$ 的增加而变宽，且当 $\theta=90°$ 时相场宽度达到最大，这个现象与前文得到的结论一致，即罚系数 $\beta$ 实际上同时也放大了模型的有效特征宽度。

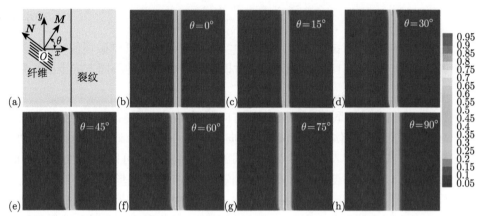

图 6-4　含有贯穿裂纹复合材料单层板 (a)，以及不同纤维铺设角度所对应的相场分布
(b)～(h)

图 6-5 为 $\theta = 90°$ 和 $\theta = 0°$ 的断裂能之比随 $\beta$ 取值的变化曲线，其中三角形表示数值模拟结果，所涉及的断裂能是通过计算面密度函数后乘以 $G_m$ 再积分得到的；而实线表示式 (6-16) 所预测的结果，可以看到它们非常吻合。因此，在复合材料单层板中纤维破坏和基体破坏的临界能量释放率均已知的情况下，罚系数 $\beta$ 的取值应满足式 (6-16)，即其取值应该是确定的。

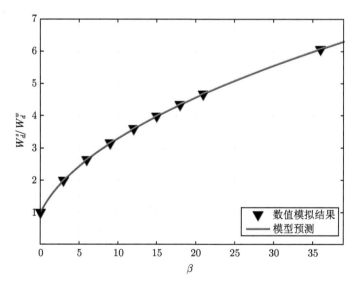

图 6-5　不同 $\beta$ 情况下裂纹所具有的最大与最小断裂能的比值

前面的分析表明，罚系数 $\beta$ 的取值是有限制的，而且还有放大模型有效特

征宽度的效应。然而在实际情况中，这两种临界能量释放率在数值上差别非常大，以一种常见的碳纤维增强型复合材料为例，基体断裂的临界能量释放率为 $G_m = 0.2774\text{kJ/m}^2$，而纤维裂纹的临界能量释放率为 $G_f = 106.3\text{kJ/m}^2$，根据式 (6-16) 可知应取 $\beta = 146841$，那么模拟纤维断裂时，相场等效的特征宽度会变为 $l_0$ 的 $\sqrt{146842}$ 倍。结合第 3 章的内容可知，相场的特征宽度增大时，所模拟的裂纹轮廓宽度也相应增大，但当该值变得异常大时，不仅会造成模拟结果模糊一片的后果，而且会使数值模拟难以收敛或导致错误的预测路径。

总之，传统各向异性相场模型仅对两种临界能量释放率差别不大的情况是可行的，但在碳纤维复合材料的破坏模拟中却不太可行，为此需要进一步完善传统各向异性相场模型，使得相场罚系数 $\beta$ 的取值与纤维和基体的能量释放率无关，从而摆脱这一关键困扰。

## 6.2 修正各向异性相场模型

文献 [4, 5] 提出了一种修正各向异性相场模型。首先引入一个新的同时适用于二维和三维问题的结构张量 $A_2$：

$$A_2 = I + \beta N \otimes N \tag{6-17}$$

其中，$N$ 为沿纤维方向的单位向量。为了讨论 $A_1$ 和 $A_2$ 之间的关系，在二维情况中，假设沿纤维方向的单位向量为 $N = [-\sin\theta, \cos\theta]^{\mathrm{T}}$，则垂直于纤维方向的单位向量为 $M = [\cos\theta, \sin\theta]^{\mathrm{T}}$，此时 $A_1$ 和 $A_2$ 之间的关系为

$$A_1 = 1 + \beta \begin{bmatrix} 1 - \cos^2\theta & -\sin\theta\cos\theta \\ -\sin\theta\cos\theta & 1 - \sin^2\theta \end{bmatrix} = A_2 \tag{6-18}$$

可以看出 $A_1$ 和 $A_2$ 在二维情况下是等价的。

但是，在三维情况中，$A_2$ 则可以考虑所有弱平面的情况，这是由于这两种结构张量在考虑断裂性能方向性时采用了不同的处理方式。$A_1$ 通过材料弱平面法线方向考虑了方向性，但是正如图 6-1(c) 所示，在三维复合材料板中弱平面并不唯一。而 $A_2$ 则利用了复合材料单层板中纤维方向唯一的性质，通过纤维的方向向量引入了方向性，因此相较于 $A_1$ 这种方式更加合理。而且从式 (6-17) 可以看到，本文所定义的 $A_2$ 可以保证所有沿弱方向扩展的裂纹均不会受到罚系数 $\beta$ 的影响。

将式 (6-17) 的 $A_2$ 代替裂纹面密度函数 (6-1) 中的 $A_1$ 并展开可得

$$\gamma(d, \nabla d) = \frac{1}{2l_0}d^2 + \frac{l_0}{2}\left[I : (\nabla d \otimes \nabla d) + \beta(N \otimes N) : (\nabla d \otimes \nabla d)\right] \tag{6-19}$$

上式可以进一步写为

$$\gamma\left(d, \nabla d\right) = \frac{1}{2l_0} d^2 + \frac{l_0}{2} \left|\nabla d\right|^2 \left[1 + \beta \cos^2 \langle \boldsymbol{N}, \nabla d \rangle\right] \tag{6-20}$$

其中，$\cos \langle \boldsymbol{N}, \nabla d \rangle$ 为纤维方向与相场梯度方向之间夹角的余弦值。

采用了新的结构张量后，相场问题所对应的演化方程可以写为

$$\omega'\left(d\right) D_f + \frac{1}{l_0} \left[d - l_0^2 \nabla \cdot \left(\boldsymbol{A}_2 \cdot \nabla d\right)\right] = 0, \quad \text{在} \, \Omega \, \text{中} \tag{6-21}$$

其中，$D_f$ 为相场演化名义驱动力。通过上节的讨论可知过大的模型罚系数 $\beta$ 会导致非常宽的纤维裂纹模拟宽度，导致这个问题的主要原因是传统各向异性相场模型只能考虑一个能量释放率，因此难以找到一个合适的罚系数 $\beta$，既能满足基体与纤维断裂的临界能量释放率之间的比值关系，即式 (6-16)，又能得到精细的裂纹路径。为了解决这一问题，文献 [4, 5] 提出的修正相场模型中定义了一个新的相场演化名义驱动力，使得相场模型可以考虑不同破坏模式所对应的临界能量释放率，即定义：

$$D_f = \frac{\psi_{\text{fiber}}^+}{\overline{G}_f} + \frac{\psi_{\text{matrix}_{\text{I}}}^+}{G_{m_{\text{I}}}} + \frac{\psi_{\text{matrix}_{\text{II}}}}{G_{m_{\text{II}}}} \tag{6-22}$$

其中，

$$\overline{G}_f = \frac{G_f}{\sqrt{1 + \beta}} \tag{6-23}$$

$$\psi_{\text{fiber}}^+ = \frac{1}{2} \langle \sigma_{11} \rangle_+ \langle \varepsilon_{11} \rangle_+ \tag{6-24}$$

$$\psi_{\text{matrix}_{\text{I}}}^+ = \frac{1}{2} \langle \sigma_{22} \rangle_+ \langle \varepsilon_{22} \rangle_+ + \frac{1}{2} \langle \sigma_{33} \rangle_+ \langle \varepsilon_{33} \rangle_+ \tag{6-25}$$

$$\psi_{\text{matrix}_{\text{II}}} = \frac{1}{2} \tau_{12} \gamma_{12} + \frac{1}{2} \tau_{23} \gamma_{23} + \frac{1}{2} \tau_{13} \gamma_{13} \tag{6-26}$$

式中，$\langle x \rangle_+ = \left(\left|x\right| + x\right)/2$，$G_f$ 为纤维断裂的临界能量释放率，$G_{m_{\text{I}}}$ 和 $G_{m_{\text{II}}}$ 分别表示基体 I 型和 II 型破坏的临界能量释放率，$\psi_{\text{fiber}}^+$ 和 $\psi_{\text{matrix}_{\text{I}}}^+$ 分别表示纤维和基体在受拉情况下的应变能密度，$\psi_{\text{matrix}_{\text{II}}}$ 表示剪切时的变形能密度。此时，相场演化名义驱动力 $D_f$ 和裂纹面密度函数 $\gamma$ 均为各向异性的。不过需要注意的是，尽管式 (6-22) 中已经考虑了不同断裂模式的名义驱动力，但是如果将 $\gamma$ 中的罚系数 $\beta$ 取为 0，仍然会导致错误的裂纹路径。这主要是因为 $\psi_{\text{matrix}_{\text{II}}}$ 中的应力分量 $\tau_{12}$ 和 $\tau_{13}$ 不仅会引起基体中的 II 型破坏，还会引起纤维的破坏，也就是说即使当纤维方向上的名义驱动力非常小时，$\psi_{\text{matrix}_{\text{II}}}/G_{m_{\text{II}}}$ 仍然可能驱动裂纹沿垂直于纤维

的方向扩展，进而导致纤维过早破坏。我们知道传统各向异性相场模型中 $\beta$ 的取值影响了纤维方向实际的临界能量释放率，那么由 $\beta$ 带来的影响必须要消除，因此式 (6-22) 中的名义驱动力中不能直接选择 $G_f$，否则整个方程中纤维方向的能量释放率就被放大了。为了达到这个目的，在式 (6-22) 引入了纤维临界能量释放率的修正值 $\overline{G}_f$，用于消除由 $\beta$ 带来的影响，这样一来，不论 $\beta$ 的取值如何，模型中纤维方向的临界能量释放率都是正确的。

参照相场法的常规处理方法，为了保证损伤不会自动愈合，即 $\dot{d} \geqslant 0$，这里也可以引入一个历史变量：

$$H = \max_{\tau \in [0,t]}\left\{\frac{\psi^+_{\text{fiber}}}{\overline{G}_f}\right\} + \max_{\tau \in [0,t]}\left\{\frac{\psi^+_{\text{matrix}_\mathrm{I}}}{G_{m_\mathrm{I}}}\right\} + \max_{\tau \in [0,t]}\left\{\frac{\psi_{\text{matrix}_\mathrm{II}}}{G_{m_\mathrm{II}}}\right\} \tag{6-27}$$

于是相应的相场演化方程也应改写为

$$\omega'(d)H + \frac{1}{l_0}\left[d - l_0^2 \nabla \cdot (\boldsymbol{\omega}_2 \cdot \nabla d)\right] = 0, \quad \text{在 } \Omega \text{ 中} \tag{6-28}$$

由 3.5 节中的讨论可知，传统脆性相场模型中特征宽度的大小与材料属性有关，即

$$l_0 = \frac{27}{256}\frac{EG_c}{\sigma^2_{\max}} \tag{6-29}$$

其中，$E$ 为杨氏模量，$G_c$ 为临界能量释放率，$\sigma_{\max}$ 为材料强度。由于实验中观察到复合材料板单层板受拉破坏时，基体破坏占主导作用，因此针对本章所考虑的问题，上式可以修改为

$$l_0 = \frac{27}{256}\frac{E_{22}G_{m_\mathrm{I}}}{\left(\sigma^{m_\mathrm{I}}_{\max}\right)^2} \tag{6-30}$$

其中，$E_{22}$ 为基体的杨氏模量，$\sigma^{m_\mathrm{I}}_{\max}$ 为基体拉伸强度。需要注意的是，一般情况下，在相场模型中当 $l_0$ 的值相较于结构尺寸足够小时，其取值对裂纹路径几乎没有影响，但是却会影响结构的加载曲线 (力学响应)[6]。

## 6.3 数 值 算 例

本节提供四个采用修正各向异性相场模型模拟的复合材料板破坏算例，其中罚系数的取值均为 $\beta = 15$。

**算例 6.1 含单边裂纹的复合材料板受拉破坏。**

考虑如图 6-6 所示的含有单边裂纹的复合材料单层板，板下端固定，上端受沿 $y$ 轴方向的位移载荷，纤维方向与 $x$ 轴之间的夹角为 $\alpha$，材料参数如表 6-1 所示。

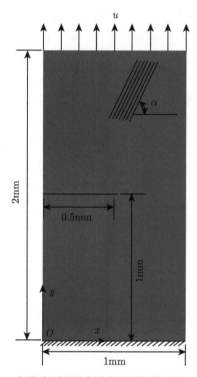

图 6-6    含单边裂纹的复合材料单层板受拉示意图

表 6-1    含单边裂纹复合材料单层板材料参数

| 材料属性 | |
| --- | --- |
| 杨氏模量 $E_{11}$ | 114.8GPa |
| 杨氏模量 $E_{22}$ | 11.7GPa |
| 剪切模量 $G_{12}$ | 9.66GPa |
| 泊松比 $\nu_{12}$ | 0.21 |
| 纤维破坏的临界能量释放率 $G_f$ | 106.3kJ/m$^2$ |
| 基体 I 型破坏的临界能量释放率 $G_{m_{\text{I}}}$ | 0.2774kJ/m$^2$ |
| 基体 II 型破坏的临界能量释放率 $G_{m_{\text{II}}}$ | 0.7879kJ/m$^2$ |

　　不失一般性，考虑不同纤维铺设角度的情况，如图 6-7 所示，其中纤维角度分别为 $\alpha = 30°$(图 6-7(a))，$45°$(图 6-7(b))，$60°$(图 6-7(c))，$90°$(图 6-7(d)) 的情况，采用修正各向异性相场面模型预测的结果和实验 [7] 观察到的裂纹路径如图 6-7 所示。此外，图 6-8 还给出了采用传统各向异性相场模型预测的裂纹路径。通过对比可以看到，修正各向异性模型给出的结果要比传统各向异性相场模型更接近实验，尤其是 $\alpha = 90°$ 的情况，传统各向异性相场模型预测出了与实验截然不同的结果。

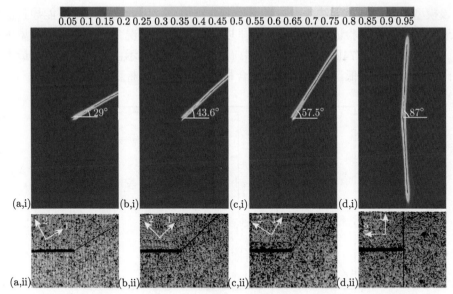

图 6-7    纤维铺设角度 30°(a)，45°(b)，60°(c)，90°(d) 情况下数值模拟 (i) 和实验 (ii) 所得
到的裂纹路径

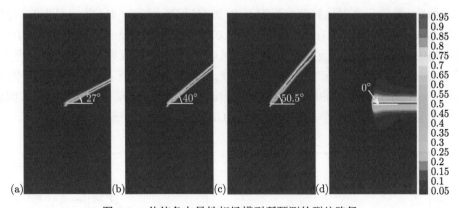

图 6-8    传统各向异性相场模型所预测的裂纹路径

图 6-9 给出了修正相场模型和传统各向异性模型得到的位移-载荷曲线，从
图中可以看到，整个加载过程先后经历了弹性阶段和软化阶段，修正模型和传统
模型在这一点上是一致的。然而，通过数值比较可以发现，修正模型给出的最大
反力总是大于传统模型。通过分析可知，可能的原因有两点，其一是，传统模型
预测的倾角总是要小一些，而较小的角度对应了较小的最大反力。其二是，传统
模型中强行假设基体 I 型和 II 型破坏的临界能量释放率相等即 $G_{m_{II}} = G_{m_I}$，由

于该模型本身限制, 无法考虑二者不等的真实情况, 因此这个缺陷可能导致低估了最大反力。为了验证这一推测, 这里以 $\alpha = 60°$ 的情况为例, 在修正模型中令 $G_{m_{II}} = G_{m_I} = 0.2774\text{kJ/m}^2$, 图 6-9 中 (浅蓝色实线) 显示由此得到的曲线最大反力出现了明显的降低, 这表明模拟复合材料时考虑不同断裂模式的必要性。

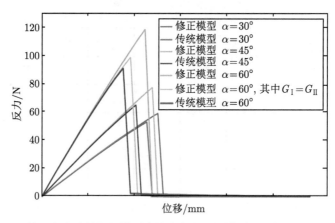

图 6-9　修正各向异性相场模型和传统各向异性模型得到的位移-加载曲线

最后, 通过一个对比算例来研究 $l_0$ 的影响, 这里以 $\alpha = 45°$ 的情况为例, 分别考虑 $l_0 = 0.005\text{mm}, 0.01\text{mm}, 0.015\text{mm}, 0.02\text{mm}$ 和 $0.05\text{mm}$ 的情况。图 6-10(a) 为不同的 $l_0$ 所对应的预测的裂纹倾角, 可以看出 $l_0$ 对裂纹路径的影响并不明显。图 6-10(b) 中给出了相应的位移–载荷曲线, 随着 $l_0$ 的减小, 最大载荷逐渐变大。另外, $l_0 = 0.05\text{mm}$ 时曲线在达到结构强度之前就已经出现了明显的软化, 因此前面的数值模拟取了一个足够小的 $l_0 = 0.01\text{mm}$ 以保证正确的模拟结果。

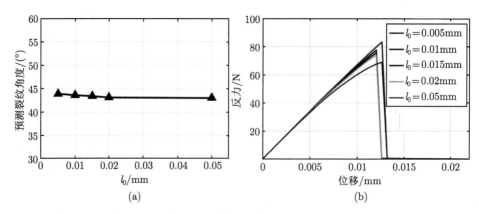

图 6-10　不同 $l_0$ 所对应的裂纹与 $x$ 轴的夹角 (a) 和位移–载荷曲线 (b)

**算例 6.2　含预制圆孔缺陷的复合材料板受拉破坏。**

考虑如图 6-11 所示的含预制圆孔缺陷的复合材料板，其左右两端受水平方向上的位移加载，纤维铺设方向与 $y$ 轴之间的角度为 $\alpha'$，材料属性如表 6-2 所示。Modniks 等[8] 通过实验的方式研究了该问题。

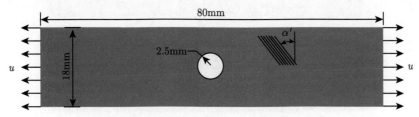

图 6-11　含预制圆孔缺陷的复合材料板受拉示意图

**表 6-2　含预制圆孔缺陷的复合材料板材料属性**

| 材料属性 | |
|---|---|
| 杨氏模量 $E_{11}$ | 26.5GPa |
| 杨氏模量 $E_{22}$ | 2.6GPa |
| 剪切模量 $G_{12}$ | 1.3GPa |
| 泊松比 $\nu_{12}$ | 0.35 |
| 基体 I 型破坏的临界能量释放率 $G_{m_I}$ | 0.622kJ/m$^2$ |
| 基体 II 型破坏的临界能量释放率 $G_{m_{II}}$ | 0.472kJ/m$^2$ |

已知基体的拉伸强度为 $\sigma_{\max}^{m_I} = 20.25\text{MPa}$，因此由式 (6-30) 可以确定相场特征宽度约为 $l_0 = 0.416\text{mm}$。由于在实验中并未观察到纤维破坏，且已有文献中缺乏纤维的临界能量释放率的数据，因此在模拟中假设纤维破坏的临界能量释放率 $G_f = 50G_{m_I}$，这个较大的取值可以用于阻止纤维破坏。考虑四种不同的纤维角度，即 $\alpha' = 0°$，$30°$，$45°$ 和 $90°$，数值模拟给出的裂纹路径如图 6-12 所示，可以看到裂纹基本沿着纤维铺设方向扩展，这与 Modniks 等所描述的实验结果相吻合[8]。

图 6-13 还给出了结构的等效强度，其中黑色圆形为实验中得到的结果[8]，矩形为采用修正模型得到的结果，可以看出，修正模型与实验结果大致吻合。并且当 $\alpha' \leqslant 30°$ 时，结构等效强度几乎和纤维铺设角度无关，而当 $\alpha' > 30°$ 时，等效强度随 $\alpha'$ 的增加而增大。值得一提的是，Felger 等[9] 和 Bleyer 等[10] 也曾分别使用有限断裂力学理论 (finite fracture mechanics framework) 和一种多参数相场模型模拟过同样的问题，结果也提供在图 6-13 中。从图中可以看出，文献 [9] 和 [10] 中 $\alpha' = 45°$ 和 $90°$ 的结果都稍大于实验得到的强度，不过总体变化趋势是与实验一致的。在文献 [10] 中，Bleyer 等假设材料 II 型破坏的临界能量释放率等于其 I 型破坏的临界能量释放率，即 $G_{m_{II}} = G_{m_I}$，通过算例 6.1 中的讨论可知，这是导致其误差的一个原因。另一方面，文献 [10] 中所预测的裂纹路径也不准确。因此，在复合材料的模拟中考虑不同破坏模式是非常必要的。

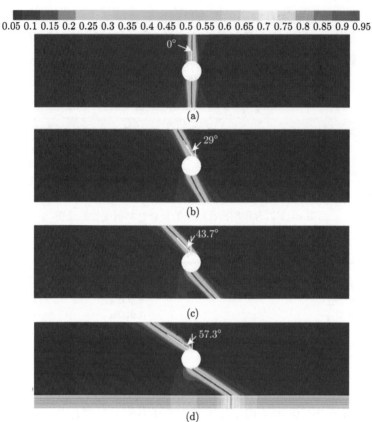

图 6-12   不同纤维铺设角度所对应的裂纹路径

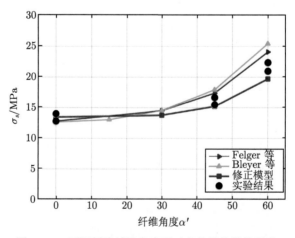

图 6-13   不同纤维铺设角度所对应的结构等效强度

**算例 6.3** 含单边裂纹的变刚度复合材料板受拉破坏。

随着制造技术的发展，最近出现了一种变刚度复合材料，这种材料中的纤维是具有特定曲率的曲线，这种材料在抗弯性和强度方面都有潜在优势。这里考虑如图 6-14 所示的含有单边裂纹的变刚度复合材料板，其下边界固支，上边界受沿 $y$ 轴方向的位移载荷，板内横坐标为 $x$ 处的纤维角度 $\theta(x)$ 为

$$\theta(x) = \theta_s + \frac{2(\theta_1 - \theta_0)}{W}\left|x - \frac{W}{2}\right| + \theta_0 \tag{6-31}$$

其中，$W$ 为板横向的宽度，$\theta_0$ 和 $\theta_1$ 分别为图 6-14 所示的板中间和右边界处纤维的角度，$\theta_s$ 为纤维路径旋转角，材料属性在表 6-3 中列出。

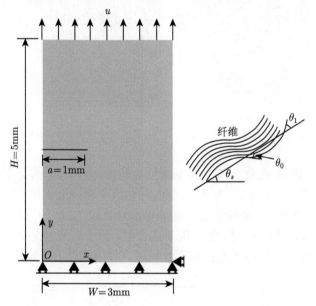

图 6-14  含单边裂纹的变刚度复合材料板的示意图

**表 6-3  含单边裂纹的变刚度复合材料板材料属性**

| 材料属性 | |
| --- | --- |
| 杨氏模量 $E_{11}$ | 171.42GPa |
| 杨氏模量 $E_{22}$ | 9.08GPa |
| 剪切模量 $G_{12}$ | 5.29GPa |
| 泊松比 $\nu_{12}$ | 0.32 |
| 纤维破坏的临界能量释放率 $G_f$ | 106.3kJ/m$^2$ |
| 基体 I 型破坏的临界能量释放率 $G_{m_{\mathrm{I}}}$ | 0.2774kJ/m$^2$ |
| 基体 II 型破坏的临界能量释放率 $G_{m_{\mathrm{II}}}$ | 0.7879kJ/m$^2$ |

模拟采用 $300 \times 500$ 的规则网格，假设积分点上的纤维方向是变化的，其角度由式 (6-31) 确定，相场特征宽度取为 $l_0 = 0.03$mm。当 $\theta_0 = -45°$，$\theta_1 = 45°$，而

纤维路径旋转角分别为 $\theta_s = 0°$ 和 $\theta_s = 30°$ 时，模拟得到的裂纹路径如图 6-15(a) 和 (b) 所示，可以看到预测的裂纹路径基本是沿着纤维方向的，这个结果是符合复合材料单层板的一般特性的。

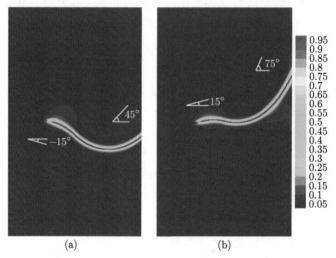

图 6-15　$\theta_s = 0°$(a) 和 $\theta_s = 30°$(b) 时模拟得到的裂纹路径

图 6-16 为位移-载荷曲线，其中蓝色实线为 $\theta_s = 0°$ 的结果，棕色实线为 $\theta_s = 30°$ 的结果，可以看到当 $\theta_s = 30°$ 时曲线在突降过程中有一个较短的停顿 ("$AB$ 段")，表明裂纹扩展受到了一定的抑制。导致 "$AB$ 段" 出现的一个可能原因是破坏模式的切换，从 I 型变为 I+II 混合型，由于一般情况下 $G_{m_{II}} > G_{m_{I}}$，因此 II 型破坏占比的突然增大会抑制裂纹扩展，导致暂时的止裂。

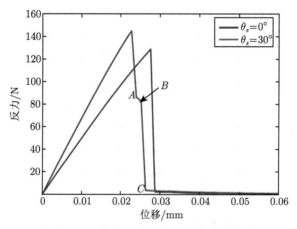

图 6-16　不同 $\theta_s$ 所对应的位移-载荷曲线

**算例 6.4 复合材料双层板受拉破坏。**

考虑如图 6-17 所示的复合材料双层板 [0°/30°]，其左侧存在一个单边穿透裂纹，并且左边上下两条边受拉，右边界自由。每层板的厚度均为 $t = 0.6\text{mm}$，材料参数见表 6-4。

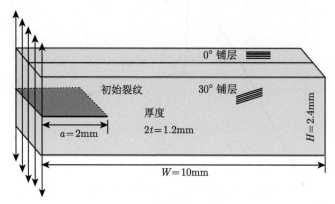

图 6-17 复合材料双层板受拉破坏的示意图

**表 6-4 复合材料双层板材料参数**

| 材料属性 | |
| --- | --- |
| 杨氏模量 $E_{11}$ | 161GPa |
| 杨氏模量 $E_{22}, E_{33}$ | 11.4GPa |
| 剪切模量 $G_{12}, G_{13}$ | 5.17GPa |
| 剪切模量 $G_{23}$ | 3.98GPa |
| 泊松比 $\nu_{12}, \nu_{13}$ | 0.32 |
| 泊松比 $\nu_{23}$ | 0.43 |
| 纤维破坏的临界能量释放率 $G_f$ | 112.7kJ/m$^2$ |
| 基体 I 型破坏的临界能量释放率 $G_{m_\text{I}}$ | 0.293kJ/m$^2$ |
| 基体 II 型破坏的临界能量释放率 $G_{m_\text{II}}$ | 0.631kJ/m$^2$ |

基体的拉伸强度为 $\sigma_{\max}^{m_\text{I}} = 60\text{MPa}$，由式 (6-30) 可得相场特征宽度约为 $l_0 = 0.1\text{mm}$。图 6-18 给出了数值模拟预测得到的位移-载荷曲线，图中标记了四个不同的阶段，它们分别对应于 $u = 0.055\text{mm}(A$ 点$)$，$u = 0.058\text{mm}(B$ 点$)$，$u = 0.098\text{mm}$ ($C$ 点) 和 $u = 0.126\text{mm}(D$ 点$)$，图 6-19 还给出了各个阶段所对应的破坏模式。在 $A$ 点之前，结构表现出一种近于线弹性的力学响应，并且在 $A$ 点结构反力达到最大，此时只有预制裂纹尖端区域出现较小的损伤。随着加载的继续，裂纹开始失稳扩展，因此反力出现了突降 (图 6-18 中的 "$AB$ 段")，达到 $B$ 点后，裂纹又进入了稳定扩展，相应的破坏模式如图 6-19(b) 所示，此时 0° 和 30° 层内的裂纹均沿着纤维方向扩展，并且不同层内的裂纹通过界面破坏连接到一起。随着载荷进一步增加，如图 6-19(c) 所示 30° 层内的裂纹逐渐扩展到结构的上表面，此

时反力则继续降至 $C$ 点，直至 $u = 0.126$mm 时 ($D$ 点)30° 层内的裂纹完全穿透板的上表面，如图 6-19(d) 所示。

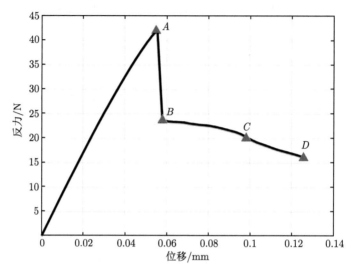

图 6-18　数值模拟预测的位移–载荷曲线

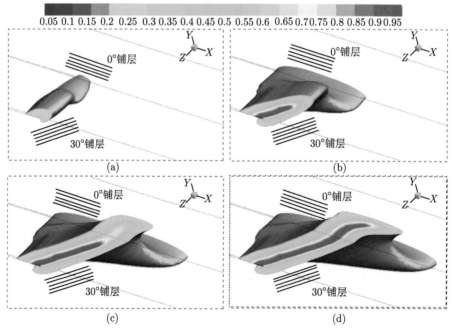

图 6-19　加载位移为 (a) $u = 0.055$mm，(b) $u = 0.058$mm，(c) $u = 0.098$mm 和
(d) $u = 0.126$mm 时的破坏形式

# 参 考 文 献

[1]  Clayton J, Knap J. Phase field modeling of directional fracture in anisotropic polycrystals. Computational Materials Science, 2015, 98: 158-169.

[2]  Natarajan S, Annabattula R K. Modeling crack propagation in variable stiffness composite laminates using the phase field method. Composite Structures, 2018, 209: 424-433.

[3]  Nguyen T T, Réthoré J, Baietto M C. Phase field modelling of anisotropic crack propagation. European Journal of Mechanics-A/Solids, 2017, 65: 279-288.

[4]  Zhang P, Hu X F, Bui T Q, Yao W A. Phase field modeling of fracture in fiber reinforced composite laminate. International Journal of Mechanical Sciences, 2019, 161: 105008.

[5]  张鹏. 纤维增强复合材料破坏过程模拟的相场模型研究. 大连：大连理工大学, 2020.

[6]  Zhang X, Vignes C, Sloan S W, Sheng D. Numerical evaluation of the phase-field model for brittle fracture with emphasis on the length scale. Computational Mechanics, 2017, 59: 737-752.

[7]  Cahill L, Natarajan S, Bordas S P A, O' Higgins R M, Mccarthy C T. An experimental/numerical investigation into the main driving force for crack propagation in uni-directional fibre-reinforced composite laminae. Composite Structures, 2014, 107: 119-130.

[8]  Modniks J, Spārniņš E, Andersons J, Becker W. Analysis of the effect of a stress raiser on the strength of a ud flax/epoxy composite in off-axis tension. Journal of Composite Materials, 2015, 49: 1071-1080.

[9]  Felger J, Stein N, Becker W. Mixed-mode fracture in open-hole composite plates of finite-width: An asymptotic coupled stress and energy approach. International Journal of Solids and Structures, 2017, 122: 14-24.

[10] Bleyer J, Alessi R. Phase-field modeling of anisotropic brittle fracture including several damage mechanisms. Computer Methods in Applied Mechanics and Engineering, 2018, 336: 213-236.

# 第 7 章 相场模型在多相材料中的应用

在微观尺度下，纤维增强复合材料和混凝土均表现出显著的多相材料特性，然而目前多数的相场模型都是针对均质材料的断裂破坏，其利用一个连续的相场分布将结构内的裂纹弥散至其周围的区域中，显然采用这种方式很难准确地描述多相材料界面附近的裂纹。为了解决这一问题，本章介绍一种附加界面相场模型，首先引入一个附加界面相场，将界面上的断裂参数弥散至其周围的基体区域中，然后通过一个连续的函数来描述该区域内的等效参数分布，从而建立一个材料属性连续分布的等效场。最后，在等效场上使用常规的断裂相场法进行模拟，就可获得相应的模拟结果。

## 7.1 多相材料及破坏模式

在现实工程中，一般由多种材料复合而成的材料被称为多相材料。典型的多相材料有混凝土、纤维增强型复合材料和骨骼等。在宏观尺度上，我们往往可以通过均匀化方法近似得到一个均匀的材料分布。然而在更小的长度尺寸下，不能忽视这种材料的非均匀性。如图 7-1(a) 所示，混凝土的微观结构中包含了水泥 (灰色)、骨料 (黑色) 和孔隙 (白色)。此外，骨料与水泥之间的界面也具有不同的断裂性能，因此通常也被认为是一种材料相。由于这些材料相具有不同的材料属性，因此相应的研究中需要考虑这种材料分布的非均匀性。类似地，在纤维增强型复合材料中，也至少存在树脂和纤维及界面这三种材料相。为了统一表述，这里把水泥、树脂这一类材料统称为基体 (matrix)，把纤维、骨料等一类材料称为夹杂 (inclusion)，把孔隙称为孔洞 (void)，把基体与夹杂之间的界面统称为界面 (interface)，如图 7-1(b) 所示。那么，多相材料中的破坏过程其实就是裂纹在这些材料相中发展的过程，由于材料的差异性和夹杂分布的随机性，多相材料可以表现出多种不同的失效模式。通常，夹杂和基体之间的界面层上的断裂韧性和强度较低，在外力作用下易于首先生成微裂纹，然后微裂纹不断扩展、聚合形成较大的界面裂纹，进而扩展至基体内部形成主导的基体裂纹，最终导致结构失效。因此，最基本的裂纹形式可以分为两大类：界面裂纹和基体裂纹。

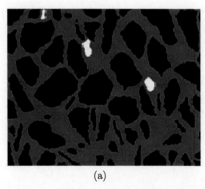 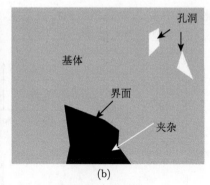

(a)                                    (b)

图 7-1    真实的混凝土微观结构 (a) 和多相材料示意图 (b)

前面章节介绍的相场模型都是针对均质材料的断裂破坏模拟，对于多相材料的破坏模拟，单一的相场模型处理起来还存在着一个很大的困难，即如何同时描述界面破坏和基体破坏两种不同破坏模式，以及这两者之间的相互作用。并且由于多相材料中界面厚度方向的几何尺寸非常小，几乎无法使用相场进行弥散。为了解决这一问题，本书作者在前期工作中 [1-3]，通过引入一个附加界面相场，将界面上的断裂属性弥散至其周围的基体区域中，然后通过一个连续的函数来描述该区域内的等效参数分布，从而形成一个材料属性连续分布的等效场。再使用常规的断裂相场模型，来模拟等效场内的破坏过程，从而获得原多相材料的破坏过程。本章为区别起见，这里一个称为附加界面相场，另一个称为断裂相场。

## 7.2    附加界面相场模型

考虑如图 7-2(a) 所示的一维无限长杆 $\Omega^1$。设杆的截面面积为 1，且在 $x = 0$ 处存在一个零厚度的界面 $\Gamma_i$，此界面可由一个标量函数 $\eta(x)$ 表示为

$$\eta(x) = \begin{cases} 1, & x = 0 \\ 0, & \text{其他} \end{cases} \tag{7-1}$$

其中，$\eta(x) = 1$ 表示 $x \in \Gamma_i$，$\eta = 0$ 表示 $x \in \Omega^1 \backslash \Gamma_i$。在常规有限元模拟中，这种离散的界面往往需要借助特殊的单元 (比如内聚力单元) 来描述其内部损伤的演化。对于界面拓扑比较复杂的问题，这可能会增加前处理时的工作量。受到断裂相场模型弥散裂纹的启发，这里引入一个在 $\Omega^1$ 上连续的附加界面相场来近似描述式 (7-1) 所表示的界面，即

$$\eta(x) = \mathrm{e}^{-\frac{|x|}{l_i}} \tag{7-2}$$

如图 7-2(b) 所示，$\eta = 1$ 和 $\eta = 0$ 分别表示原界面与基体，而 $\eta \in (0,1)$ 表示界面与基体之间的过渡状态，并且认为在此区域内界面相与基体相中的断裂参数连

续变化。其中 $l_i$ 为界面相场的特征宽度，用来控制界面弥散的程度，且当 $l_i \to 0$ 时，式 (7-2) 退化为离散界面式 (7-1)。

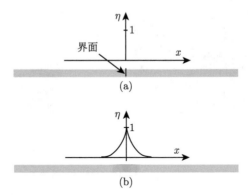

图 7-2　一维杆中离散界面 (a) 与弥散界面 (b) 的示意图

与第 3 章中的推导类似，这里可以通过一个变分原理来得出结构内界面相场的分布：

$$\eta = \mathrm{Arg}\left\{ \inf_{\eta \in B_i} A_{\Gamma_i}(\eta) \right\} \tag{7-3}$$

其中，$B_i$ 为边界条件，界面面积泛函 $A_{\Gamma_i}(\eta)$ 为

$$A_{\Gamma_i}(\eta) = \frac{1}{2l_i} \int_{\Omega^R} \left( \eta^2 + l_i^2 \left| \nabla \eta \right|^2 \right) \mathrm{d}V \tag{7-4}$$

因此可得此附加界面相场问题所对应的强形式以及边界条件为

$$\eta - l_i^2 \Delta \eta = 0, \quad \boldsymbol{x} \in \Omega^R \tag{7-5}$$

$$\eta(\boldsymbol{x}) = 1, \quad \boldsymbol{x} \in \Gamma_i \tag{7-6}$$

$$\nabla \eta \cdot \boldsymbol{n} = 0, \quad \boldsymbol{x} \in \partial \Omega^R \tag{7-7}$$

其中，$R = 1, 2, 3$ 表示维度。这样，我们可以通过求解这个问题的微分方程来确定界面相场的值，不管是二维还是三维问题，这个方程的求解都是比较简单的。这里需要强调的是，此附加界面相场 $\eta$ 只用于弥散界面，在之后的分析中 $\eta$ 并不会演化，即其求解与结构的力学分析和断裂相场分析是无关的，在有限元模型中界面节点确定后只求解一次即可，因此该附加界面相场的引入并不会过多地影响结构的模拟效率。

当得到连续分布的附加界面相场以后，我们可以借此构建一个材料参数能够连续变化的过渡区域，对于任意一个材料参数，等效材料参数 $\Theta_s(\eta)$ 为

$$\Theta_s(\eta) = \Theta_i \left[ 1 - h(\eta) \right] + \Theta_m h(\eta) \tag{7-8}$$

其中，$\Theta_s$ 可以表示不同的材料属性，比如材料强度 $\sigma_{\max}^s$ 和临界能量释放率 $G_c$ 等。$\Theta_i$ 和 $\Theta_m$ 分别表示对应界面和基体的材料参数。$h(\eta)$ 用来保证 $\Theta_s$ 在界面和基体之间单调连续变化，因此它必须满足：

$$h(0) = 1, \quad h(1) = 0, \quad h'(\eta) < 0 \tag{7-9}$$

其中前两个条件保证了：

$$\Theta_s(1) = \Theta_i, \quad \Theta_s(0) = \Theta_m \tag{7-10}$$

即两种极端的情况。式 (7-9) 中的第三个条件保证了材料属性的单调变化。图 7-3 给出了界面弥散前和弥散后一维杆内材料参数分布的示意图。为了简单起见，本章采用 $h(\eta)$ 的形式为

$$h(\eta) = (1 - \eta)^2 \tag{7-11}$$

当 $\eta(x)$ 已知时，可由式 (7-8) 直接得到等效材料参数。

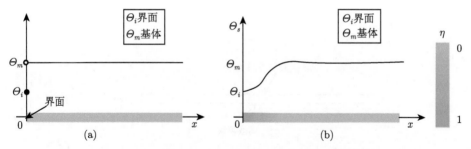

图 7-3  离散 (a) 和弥散 (b) 界面情况中所对应的材料参数分布示意图

## 7.3  界面临界能量释放率的修正

从以上的讨论中可以看出，当给定界面材料参数后，可以利用附加界面相场的值在基体区域内引入一个由界面参数到基体参数之间连续变化的过渡区域，在本章所考虑的指数型界面相场形式 (7-2) 中，此过渡区宽度为无穷大，不过由于此界面相场函数在界面附近随距离衰减很快，因此它并不会过多地影响远离界面处的基体中的断裂行为。另外需要注意的是本章的主要目的是能够使用附加界面相场模型模拟微观界面破坏，因此界面的材料属性在经过数值弥散后，在采用断裂相场模拟时必须要保证弥散后的界面断裂能依然与弥散前相等，即保证界面断裂能等效。本节将通过一个一维杆界面脱黏问题，解析地推导如何保证界面弥散后，利用断裂相场模拟时界面断裂能等效的问题。

    考虑如图 7-4 所示的一维杆，对离散界面裂纹，如图 7-4(a) 所描述的情况，界面发生脱黏时系统消耗的断裂能为

$$W_i = AG_i \tag{7-12}$$

其中，$G_i$ 为界面上的临界能量释放率。$A$ 为杆的截面面积，为了简洁起见下面讨论中设 $A = 1$。根据前文所述，界面可表示为如图 7-4(b) 所示的弥散形式，裂纹也可以表示成弥散形式，而裂纹所耗散的断裂能可通过材料的临界能量释放率与断裂相场面密度函数计算获得，其表达式为

$$W_i = \int_{-D}^{D} G_c\left(\eta\right) \frac{1}{c_0} \left( \frac{\alpha\left(d\right)}{l_0} + l_0 d'^2 \right) \mathrm{d}x \tag{7-13}$$

其中，$D$ 表示断裂相场的弥散宽度的一半，$G_c\left(\eta\right)$ 为等效的临界能量释放率，$d$ 为断裂相场值，$l_0$ 为断裂相场的特征宽度。这里断裂相场面密度函数选用的是更一般的定义式 (4-7)，而 $c_0$ 与 $\alpha\left(d\right)$ 已在 4.1 节中给出。

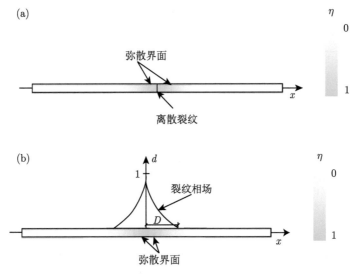

图 7-4   弥散界面脱黏的离散 (a) 与弥散 (b) 表示

    这里，我们需要明确一个物理上的能量等效原则，即无论以何种模型来弥散界面属性或裂纹，界面在发生断裂时耗散的断裂能应保持不变，即应满足如下关系：

$$G_i = \int_{-D}^{D} G_c\left(\eta\right) \frac{1}{c_0} \left( \frac{\alpha\left(d\right)}{l_0} + l_0 d'^2 \right) \mathrm{d}x \tag{7-14}$$

已知裂纹断裂相场面密度函数有如下性质：

$$\int_{-D}^{D} \frac{1}{c_0}\left(\frac{\alpha(d)}{l_0} + l_0 d'^2\right)\mathrm{d}x = A \tag{7-15}$$

当 $G_m > G_i$ 时，由式 (7-8) 可知 $G_c(\eta) > G_i(x \neq 0$ 时$)$，因此可得

$$\int_{L'} G_c(\eta)\frac{1}{c_0}\left(\frac{\alpha(d)}{l_0} + l_0 d'^2\right)\mathrm{d}x > \int_{L'} G_i\frac{1}{c_0}\left(\frac{\alpha(d)}{l_0} + l_0 d'^2\right)\mathrm{d}x = G_i \tag{7-16}$$

其中，$L' = \{x\,|\,x \in [-D, D]$ 且 $x \neq 0\}$。由上面的不等式可知，直接将式 (7-8) 引入界面弥散方程无法保持断裂能等效条件 (7-14)，同理，当 $G_i > G_m$ 时同样无法满足该等效条件。因此，这里需要引入一个广义界面临界能量释放率 $\overline{G}_i$ 来替换界面上真实的能量释放率，即在式 (7-8) 中使用 $\overline{G}_i$ 代替 $G_i$，强制式 (7-14) 的值满足界面断裂能等效：

$$G_i = \int_{-D}^{D}\left\{\overline{G}_i\left[1 - h(\eta)\right] + G_m h(\eta)\right\}\frac{1}{c_0}\left(\frac{\alpha(d)}{l_0} + l_0 d'^2\right)\mathrm{d}x \tag{7-17}$$

从而得到广义界面临界能量释放率 $\overline{G}_i$ 应取为

$$\overline{G}_i = \frac{G_i - G_m\displaystyle\int_{-D}^{D} h(\eta)\frac{1}{c_0}\left(\frac{\alpha(d)}{l_0} + l_0 d'^2\right)\mathrm{d}x}{\displaystyle\int_{-D}^{D}\left[1 - h(\eta)\right]\frac{1}{c_0}\left(\frac{\alpha(d)}{l_0} + l_0 d'^2\right)\mathrm{d}x} \tag{7-18}$$

根据 $h(\eta)$ 的形式和裂纹面密度函数的性质可知，上式中分母永远大于零，因此可确定广义界面临界能量释放率 $\overline{G}_i$。

需要注意的是，当考虑一些特定多相材料时，如混凝土和纤维增强型复合材料，考虑到其中的夹杂通常是难以断裂的，即界面的某一侧不会发生破坏，那么式 (7-17) 积分中夹杂一侧的相场则不应被激活，如图 7-5 所示，因此积分范围需要减半：

$$G_i = \int_{0}^{D}\left\{\overline{G}_i\left[1 - h(\eta)\right] + G_m h(\eta)\right\}\frac{1}{c_0}\left(\frac{\alpha(d)}{l_0} + l_0 d'^2\right)\mathrm{d}x \tag{7-19}$$

对应的广义界面临界能量释放率 $\overline{G}_i$ 应取为

$$\overline{G}_i = \frac{G_i - G_m\displaystyle\int_{0}^{D} h(\eta)\frac{1}{c_0}\left(\frac{\alpha(d)}{l_0} + l_0 d'^2\right)\mathrm{d}x}{\displaystyle\int_{0}^{D}\left[1 - h(\eta)\right]\frac{1}{c_0}\left(\frac{\alpha(d)}{l_0} + l_0 d'^2\right)\mathrm{d}x} \tag{7-20}$$

显然，当界面和基体的能量释放率已知时，并且选定附加界面相场和断裂相场具体模型后，式 (7-18) 或 (7-20) 中的被积函数均为 $x$ 的已知函数，通过数值积分即可获得广义界面临界能量释放率 $\overline{G}_i$。

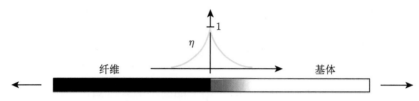

图 7-5    纤维侧不存在裂纹相场自由度时弥散形式的界面脱黏

## 7.4    界面相场及断裂相场的求解

界面相场的基本方程已经确定，剩下的就是数值求解了。从基本方程可以看出，界面相场与第 3 章中断裂相场非常相似，只存在一些微小的区别，或者说，界面相场相当于是一个给定本质边界条件 (式 (7-6)) 且没有"驱动力"的相场模型。因此，它和断裂相场的求解过程也是十分类似的。为此，我们首先建立离散方程，即

$$\eta = \boldsymbol{N}^\eta \boldsymbol{\eta}^e = \boldsymbol{N}^d \boldsymbol{\eta}^e, \quad \nabla\eta = \boldsymbol{B}^\eta \boldsymbol{\eta}^e = \boldsymbol{B}^d \boldsymbol{\eta}^e \tag{7-21}$$

由于离散方式一致，界面相场离散方程中的 $\boldsymbol{N}^\eta$ 矩阵和 $\boldsymbol{B}^\eta$ 矩阵与第 3 章中的断裂相场矩阵相同，即

$$\boldsymbol{N}^\eta = \boldsymbol{N}^d, \quad \boldsymbol{B}^\eta = \boldsymbol{B}^d \tag{7-22}$$

将离散方程式 (7-21) 代入变分原理 (7-3)，在单元 $e$ 内可得

$$\delta \varGamma_i^e(\boldsymbol{\eta}^e) = (\delta\boldsymbol{\eta}^e)^{\mathrm{T}}(-\boldsymbol{R}_e^\eta) = 0 \tag{7-23}$$

其中，

$$\boldsymbol{R}_e^\eta = -\left\{ \iint_{\varOmega^e} \frac{1}{l_i} \left[ (\boldsymbol{N}^\eta)^{\mathrm{T}} \boldsymbol{N}^\eta + l_i^2 (\boldsymbol{B}^\eta)^{\mathrm{T}} \boldsymbol{B}^\eta \right] |\boldsymbol{J}|\, \mathrm{d}\xi\mathrm{d}\eta \right\} \boldsymbol{\eta}^e \tag{7-24}$$

其中，雅可比矩阵 $\boldsymbol{J}$ 及自然坐标系 $(\xi, \eta)$ 的定义见 3.4 节。然后按照有限元法的常规，通过单元组装后，再考虑本质边界条件后，可得到整体要求解的方程组为

$$\boldsymbol{R}^\eta = 0 \tag{7-25}$$

与第 3 章中断裂相场不同的是，界面相场不与其他物理场耦合，因此式 (7-25) 是一个线性方程组，即方程 (7-25) 可改写为

$$\boldsymbol{K}^\eta \boldsymbol{\eta} + \boldsymbol{b} = \boldsymbol{0} \tag{7-26}$$

其中，$\boldsymbol{K}^\eta$ 和 $\boldsymbol{\eta}$ 分别为组装后得到的整体刚度阵和待求解的界面相场节点向量，$\boldsymbol{b}$ 为组装后得到的右端项，而整体刚度阵 $\boldsymbol{K}^\eta$ 是由从式 (7-24) 中提取到的单元切线刚度阵

$$\boldsymbol{K}_e^\eta = -\frac{\partial \boldsymbol{R}_e^\eta}{\partial \boldsymbol{\eta}^e} = \int_{\Omega^e} \frac{1}{l_i} \left[ (\boldsymbol{N}^\eta)^{\mathrm{T}} \boldsymbol{N}^\eta + l_i^2 (\boldsymbol{B}^\eta)^{\mathrm{T}} \boldsymbol{B}^\eta \right] |\boldsymbol{J}| \, \mathrm{d}\xi \mathrm{d}\eta \tag{7-27}$$

组装后得到的。

当有限元列式 (7-26) 建立以后，就可以直接进行数值求解。在求得界面相场的分布后，我们就获得了等效的材料属性场 $\Theta_s(\eta)$。然后，我们将等效的材料属性代入断裂相场中，即可进行求解，而相对断裂相场，除了替换原有的材料参数外，不需要进行任何额外的变化。由于求解界面相场和断裂相场都使用了有限元方法，因此我们建议使用同一套网格，以节省模拟时间。

下面讨论附加界面相场的本质边界条件。我们需要找到位于界面上的有限元节点，并且将这些节点上的界面相场值赋为 1。然而，在处理多相材料问题时，不同材料相所占据的空间结构是比较随机的，并且它们之间的界面相的几何构型往往也比较复杂，这些问题都增加了建立相应有限元模型的难度，因此这里将简要地介绍两种比较便捷的方法，即图像处理法和解析法。

**图像处理法**：本节介绍一种基于图像处理的建模方法，该方法适用于已有材料微观结构数码照片的情况，以图 7-6 所示的一种广义的情况为例，图中灰色表示基体，黑色表示夹杂，白色表示孔洞。需要注意的是，每一个数码照片都是由很多像素组成的，每个像素都可以认为占据了一个正方形区域 (二维)，且每个像素中的灰度值是一定的，由此我们可以根据像素的灰度值识别其所表示的材料相。每个像素中心点位置的坐标 $(x, y)$ 为

$$\begin{cases} x = (i - 0.5) \dfrac{L}{N_{\max}} \\[3mm] y = (j - 0.5) \dfrac{H}{M_{\max}} \end{cases} \tag{7-28}$$

其中，$L$ 和 $H$ 分别表示数码图像的长度与宽度，$N_{\max}$ 和 $M_{\max}$ 分别表示在数码图像的长与宽方向上像素网格的个数，$i$ 和 $j$ 分别表示该像素网格为长和宽方向上第 $i$ 和 $j$ 个像素。

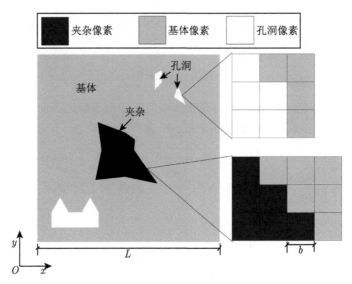

图 7-6　　多相材料微观结构示意图

　　虽然像素网格的形态与有限元网格十分相似，但是直接使用像素网格作为有限元网格是不太现实的，这是因为数码照片具有较高的分辨率，其作为有限元网格会导致过分稠密，而一般有限元系统对求解规模是有一定限制的，尤其是非线性问题，由于需要迭代求解，这种限制则更严格。因此，我们实际上使用的有限元网格要比像素网格粗很多。这样，单个有限元网格中自然包含了多个像素点，根据式 (7-28) 得到不同类别像素的坐标后，如图 7-7 所示，如果单元中存在夹杂相像素或者空隙像素，该单元就被判断为增强相或者空隙单元，否则就为基体单元。当然，也可以通过材料占比来确定单元所代表的材料，不过由于相场模拟中为了更精确地模拟裂纹路径，网格尺寸相较于结构尺寸往往都比较小，因此前一种方法已经能够满足要求。

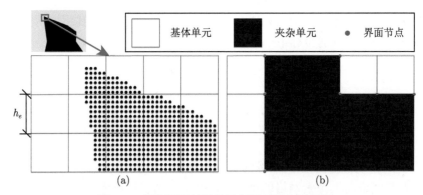

图 7-7　　区别不同材料单元和界面节点示意图

由前文讨论可知，为了求解界面相场方程，我们需要找到夹杂和基体界面的位置，用于赋附加界面相场的边界条件。在这里，假设孔洞仅被包含在基体中，而与增强相不直接接触，因此界面节点应为基体与增强相单元之间的公共节点，为了找到它们，将增强相网格标记为 1，将基体网格标记为 0。然后每个节点上引入一个分类指示数：

$$S = \sum_i^m a_i \tag{7-29}$$

其中，$m$ 表示与此节点相连的单元总数，$a_i$ 表示第 $i$ 个单元上被标记的数，如果某个节点的指示数满足：

$$0 < S < m \tag{7-30}$$

就可以判断该节点为界面节点，对所有节点进行循环就可以挑选出所有的界面节点。

　　**解析法**：对于夹杂具有规则形状的情况，如纤维增强型复合材料，夹杂的垂直截面形状通常可认为是圆形，斜截面可看成椭圆形，这时就可以采用解析法。首先，我们需要生成复合材料的截面结构，这里采用 Gatalanotti 等提出的考虑纤维随机分布的模型生成方法 [4]。对于图 7-8 所示的单层板三维微观结构，首先使用 Gatalanotti 的算法生成一个二维模型 $s_1(x = 0)$，然后沿 $x$ 轴 $\boldsymbol{v}_1 = \begin{bmatrix} 1 & 0 & 0 \end{bmatrix}^{\mathrm{T}}$ 拉伸可生成三维模型。假设基平面 $s_1$ 上第 $i$ 根纤维的圆心坐标为 $\boldsymbol{f}_i$，那么任意一点 $\boldsymbol{x}$ 与第 $i$ 根纤维的中轴线之间的距离为

$$D_i(\boldsymbol{x}) = \sqrt{|\boldsymbol{x} - \boldsymbol{f}_i|^2 - \left[(\boldsymbol{x} - \boldsymbol{f}_i)^{\mathrm{T}} \boldsymbol{v}_1\right]^2} \tag{7-31}$$

因此可定义第 $i$ 根纤维所占据的空间为

$$R_i = \{\boldsymbol{x} \,|\, D_i(\boldsymbol{x}) \leqslant r, \ \boldsymbol{x} \in \Omega\} \tag{7-32}$$

其中，$r$ 为纤维横截面的半径。

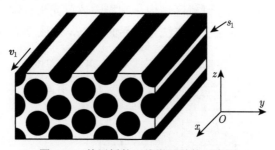

图 7-8　单层板的三维微观结构示意图

　　当考虑带角度铺层的层合板时，需要在统一的坐标系下生成如图 7-8 所示的微观结构。假设纤维方向与 $y$ 轴之间的夹角为 $\theta$，此时基平面 $s_1$ 上纤维的横截

面为椭圆而非圆形，因此这里重新定义了一个基平面 $s_1'$，其法向量为 $\boldsymbol{v}_1'$，纤维在 $s_1'$ 上的截面为图 7-9 所示的圆形。假设在 $s_1'$ 平面上第 $i$ 根纤维圆心的局部坐标为 $\boldsymbol{f}_i'$，那么在整体坐标系中其圆心坐标为

$$\boldsymbol{f}_i = \boldsymbol{T} \cdot \boldsymbol{f}_i' \tag{7-33}$$

其中，

$$\boldsymbol{T} = \begin{bmatrix} \sin\theta & -\cos\theta & 0 \\ \cos\theta & \sin\theta & 0 \\ 0 & 0 & 1 \end{bmatrix} \tag{7-34}$$

同理有 $\boldsymbol{v}_1 = \boldsymbol{T}\boldsymbol{v}_1'$。将所得到的 $\boldsymbol{f}_i$ 与 $\boldsymbol{v}_1$ 代入式 (7-33) 可得图 7-9 所表示的单层板中第 $i$ 根纤维所占据的空间。

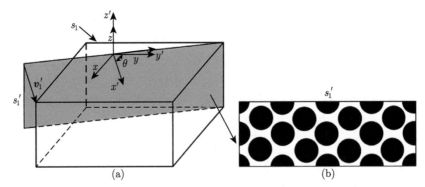

图 7-9　纤维方向与 $x$ 轴成一定角度的单层板

然后仍然采用图像处理法中所介绍的方法进行建模，即首先采用均匀的网格将待分析的区域进行离散，然后根据式 (7-32) 得到所有纤维所占据的区域，如果一个单元的中心点的坐标在纤维区域内，则指定该单元为纤维，否则就为基体单元。同样，采用图像处理法中的方法寻找界面节点，如图 7-10 所示。

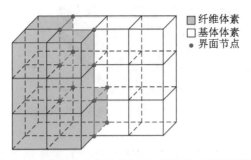

图 7-10　解析法中不同材料单元和界面节点示意图

# 7.5 数 值 算 例

**算例 7-1 四点弯曲破坏。**

为了验证界面临界能量释放率修正方法的必要性, 这里考虑一个如图 7-11 所示的四点弯曲梁, 梁的尺寸为 $L$=450mm, $H$=100mm, 梁底部的中间位置存在一个长度为 $a$=50mm 的初始裂纹。该梁是通过左右半边黏合而成的, 左右部分的材料属性相同, 因此沿裂纹方向直到梁顶部有一竖直的材料界面, 由对称性可知裂纹一定沿着该界面扩展。采用位移加载的方式, 加载点与界面之间的距离为 $b$=45mm。材料参数为: 杨氏模量 $E = 2.0 \times 10^4$ MPa, 泊松比 $\nu = 0.2$, 界面临界能量释放率 $G_i$=0.113N/mm, 梁体材料的临界能量释放率 $G_m$=0.226N/mm。有限元模拟中所使用的网格尺寸为 $h_2$=0.5mm, 裂纹相场的特征宽度为 $l_0$=2.5mm。

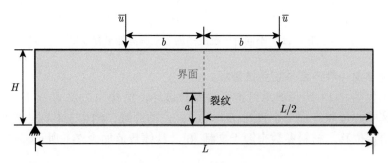

图 7-11　四点弯曲梁示意图

为了讨论界面等效临界能量释放率对模拟结果的影响: ①不考虑界面断裂能等效, 直接使用真实界面临界能量释放率; ②通过式 (7-17) 考虑界面断裂能等效而引入等效临界能量释放率。图 7-12 为模拟结果, 其中横坐标为界面相场和断裂相场特征宽度的比值, 纵坐标为界面失效后的等效临界能量释放率, 该值为断裂消耗的能量与界面面积之比。蓝色实心圆代表使用真实界面临界能量释放率所得结果, 可以看到该结果随着界面相场特征宽度的减小而增大。黑色正方形表示使用界面等效临界能量释放率给出的结果, 可以看出该结果十分稳定。图中绿色实线为真实的界面临界能量释放率, 最理想的情况应该是模拟结果与该理论值相等, 但是本文黑色线与绿色线依然存在一定的误差。这种情况一部分是由断裂相场模型的有限元离散带来的误差。如文献 [5] 中发现, 虽然在断裂相场模拟中使用材料临界能量释放率 $G_i$, 但是经过有限元离散, 其模拟裂纹扩展过程中消耗的能量实际相当于使用了另一个数值的临界能量释放率 $G_{i,\text{eff}}^{\text{num}} = G_i(1 + h_e/(c_0 l_0))$, $h_e$ 为单元边长, 相应结果为图 7-12 中红色实线, 可以看到该结果与本文考虑了界面断裂能等效的结果十分吻合。因此可以看到本节所提出的方法能够很好地保证相场模拟过程中界面断裂能的等效。

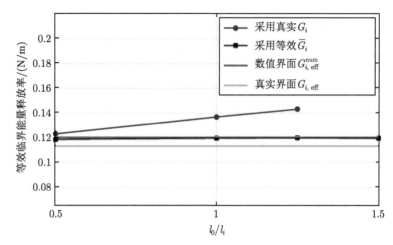

图 7-12　不同特征宽度中的等效临界能量释放率

**算例 7-2　单纤维系统受拉破坏。**

考虑如图 7-13 所示的单纤维系统受拉破坏，结构为边长 $L = 1\text{mm}$ 的正方形，在其中心位置存在一个直径 $D = 0.5\text{mm}$ 的纤维。结构左右两边受拉，载荷形式为给定位移，材料参数来源于文献 [6]，具体数值如表 7-1 所示。

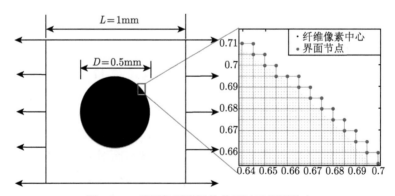

图 7-13　界面位置附近的单元以及界面节点

模拟中采用的最小单元尺寸为 $h_e = 0.006\text{mm}$，相场特征宽度为 $l_0 = l_i = 0.02\text{mm}$。如图 7-13 所示为界面附近的单元以及界面节点示意图，当前问题采用了基于图片处理的建模方法，采用均匀的网格对含有单个纤维的系统的断裂进行模拟。其所对应的断裂模式如图 7-14 所示，其中图 7-14(a) 给出了 Nguyen 等利用扩展有限元法得到的模拟结果 [6]，从中可以看出，基体中在界面脱黏点附近处的裂纹并没有贯穿整个结构，而是在上下表面的中间位置处萌生了新的裂纹对结构的刚度做进一步的折减，并且基体内所有的裂纹呈现出由界面脱黏点至上下表面中心位置的斜向分布。图 7-14(b) 给出了相场法模拟结果，其中使用 Miehe 的能量分解方式。相场法模拟结果与 Nguyen 等的结果基本上是一致的。

表 7-1    单纤维结构的材料参数 [6]

| 材料参数 | |
| --- | --- |
| 纤维弹性模量 $E$ | 40GPa |
| 纤维泊松比 $\nu$ | 0.33 |
| 基体弹性模量 $E$ | 4GPa |
| 基体泊松比 $\nu$ | 0.4 |
| 基体强度 $X_m$ | 30MPa |
| 基体临界能量释放率 $G_m$ | 0.25N/mm |
| 界面强度 $X_i$ | 10MPa |
| 界面临界能量释放率 $G_i$ | 0.05 N/mm |

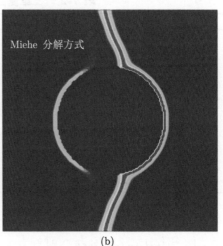

(a)                                (b)

图 7-14    Nguyen 等模拟的断裂图 (a) 和相场模型得到的断裂图 (b)

**算例 7-3    三维复合材料微观结构受拉破坏。**

考虑如图 7-15 所示的复合材料三维微观结构受拉破坏。结构由两层不同方向的铺层构成，即 45° 层和 90° 层，在结构的中间位置存在一个直径为 $D = 0.018\text{mm}$ 的圆柱形的贯穿缺陷，结构尺寸为 $W = L = 2H = 0.035\text{mm}$，其中上下两层板的厚度均为 $H$。结构受图中所示的沿水平方向的位移载荷。材料参数来源于文献 [7]，具体数值在表 7-2 中列出。网格最小尺寸为 $h_e = 0.3\mu\text{m}$，相场特征宽度为 $l_0 = l_i = 0.75\mu\text{m}$。

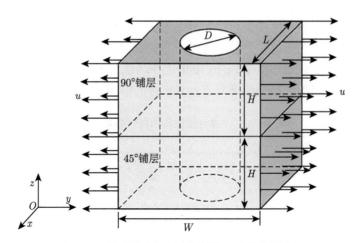

图 7-15　微观尺度下复合材料结构受拉的示意图

表 7-2　三维复合材料结构材料参数

| 材料参数 | |
| --- | --- |
| 纤维杨氏模量 $E_{11}$ | 276GPa |
| 纤维杨氏模量 $E_{22}, E_{33}$ | 15GPa |
| 纤维剪切模量 $G_{12}$ | 15GPa |
| 纤维剪切模量 $G_{13}, G_{23}$ | 7GPa |
| 纤维泊松比 $\nu_{12}$ | 0.2 |
| 基体杨氏模量 $E$ | 3.76GPa |
| 基体泊松比 $\nu$ | 0.39 |
| 基体强度 $X_m$ | 93MPa |
| 基体临界能量释放率 $G_m$ | 0.277N/mm |
| 界面强度 $X_i$ | 50MPa |
| 界面临界能量释放率 $G_i$ | 0.022N/mm |

　　首先考虑一个简单情况,即结构中只含有三根纤维,其界面相场如图 7-16(a)所示。图 7-16(b)~(d) 外载分别为 $u = 0.8\mu m$、$u = 1.2\mu m$ 和 $u = 6.8\mu m$ 时结构中的破坏模式,其破坏顺序大致为:损伤在 90° 层中的纤维界面附近开始起裂,且起裂位置位于靠近缺陷的一侧并沿纤维界面向外侧扩展。随后,45° 层内的纤维界面处开始出现损伤,同样沿纤维界面扩展至外表面。最后,界面脱黏处附近开始出现基体损伤,后发展为基体裂纹,并把上下的界面裂纹连接起来导致结构整体失效。事实上,这里的基体裂纹就是层间破坏。需要说明的是,在更高的介观尺度下模拟层间破坏时,常忽略层间厚度,采用零厚度单元模拟,所得层间裂纹自然是没有空间结构的。而这里采用三维微观模型模拟发现层间裂纹实际上是具有三维空间结构的,由于铺层不同,这种结构在厚度上具有一种螺旋结构,其旋转方向与邻近层内的纤维铺设角度有关。

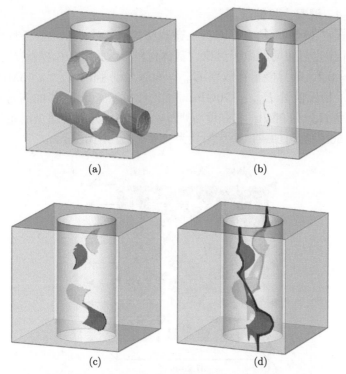

图 7-16   (a) 界面相场值 $\eta > 0.95$ 的区域和位移载荷为 (b)$u = 0.8$μm, (c)$u = 1.2$μm 和 (d)$u = 6.8$μm 时的破坏模式 ($d > 0.95$)

　　然后，再考虑一个更加复杂的多纤维系统，其界面相场分布如图 7-17(a) 所示。图 7-17(b) 给出了 $u = 0.5$μm 时损伤在纤维的界面附近开始起裂，图 7-17(c) 给出了 $u = 1.4$μm 时结构中出现从缺陷一侧到结构外层的贯穿型的界面脱黏。

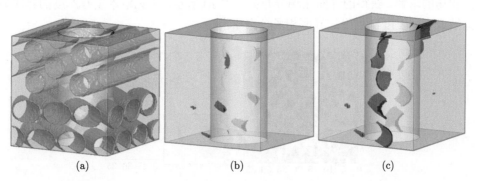

图 7-17   (a) 界面相场值 $\eta > 0.95$ 的区域和位移载荷为 (b)$u = 0.5$μm 和 (c)$u = 1.4$μm 时的破坏模式 ($d > 0.95$)

**算例 7-4**　**混凝土拉伸破坏**。

考虑如图 7-18 所示的方形混凝土微观结构，其尺寸和边界条件已在图中标出，文献 [8] 中也对该问题做了讨论。基体材料参数为：杨氏模量 $E_m = 25\text{GPa}$，泊松比 $\nu_m = 0.2$，临界能量释放率 $G_m = 60\text{N/m}$，强度 $\sigma_m^{\max} = 6\text{MPa}$；夹杂的材料参数为：杨氏模量 $E_{\text{inc}} = 70\text{GPa}$，泊松比 $\nu_{\text{inc}} = 0.2$；界面的材料参数有临界能量释放率 $G_i = 30\text{N/m}$ 和强度 $\sigma_i^{\max} = 3\text{MPa}$。外载荷通过给定位移的形式加载，通过 50 步均匀加载，每步增量为 $\Delta u = 1.2 \times 10^{-3}\text{mm}$。

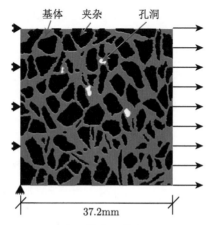

图 7-18　受横向拉伸的混凝土结构

图 7-18 所对应的界面节点以及不同材料相如图 7-19 所示。模拟过程中采用 $800 \times 800$ 的规则四边形网格，特征长度取为 $l_0 = l_i = 0.2325\text{mm}$。经计算，等效的界面临界能量释放率为 $\bar{G}_i = 24.5\text{N/m}$。本算例采用第 4 章中所述的基于内聚力模型的断裂相场模型进行模拟，具体为双线性内聚力本构模型。首先经过对界面相场的求解，获得的界面相场分布如图 7-20 所示，可见原本没有厚度的界面被弥散成有限宽度，且附加界面相场分布平滑。

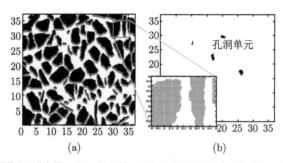

(a)　　　　　　　　　　(b)

图 7-19　图像识别结果：(a) 夹杂单 (黑色) 和界面节点 (红色)；(b) 孔洞单元

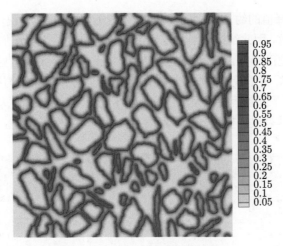

图 7-20 附加界面相场的分布

模拟所得的位移-载荷曲线如图 7-21 所示,其中横坐标为加载位移,纵坐标的应力值为右端边上的平均应力。图中也列出了文献 [8] 和 [9] 的计算结果,作为验证相场法计算结果的参考。整个破坏过程经历了三个主要阶段,可以通过位移-载荷曲线反映出来。经历了最初的弹性阶段,图 7-21 中的应力值达到一个峰值,相场法计算结果与参考结果基本一致。可以发现,在达到峰值之前已经出现了非线性,从图 7-22(a) 也可以看出,此时的非线性主要来源于骨料界面的损伤,这些损伤值还比较小,没有完全发展为裂纹。随着载荷的增加,图 7-21 中的应力值经历了显著的突降,达到

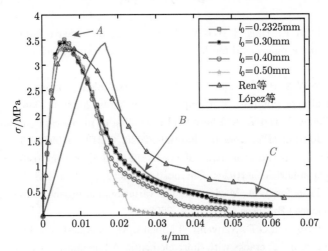

图 7-21 混凝土结构的位移-载荷曲线

$B$ 点时已经降至峰值的约 25% 大小。从图 7-22(b) 中也可以看出，此时损伤已经发展成了两条主裂纹，因此结构的刚度显著减小，柔度增大。继续增加载荷，图 7-21 中的应力值下降的速度趋缓，并最终达到 $C$ 点。从图 7-22(c) 中可见，虽然在图 7-21 中 $B$ 点到 $C$ 点经历了较长的加载过程，但这一过程中裂纹的演化相对较少，这也是 $B$ 点过后载荷下降趋缓的原因。在整个破坏过程中，裂纹首先从界面处成核并演化，最终通过基体裂纹连接到一起，形成了主裂纹，并使得混凝土结构完全破坏。

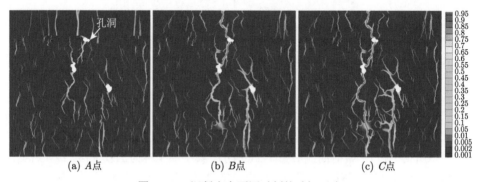

(a) $A$点　　　　　　　　(b) $B$点　　　　　　　　(c) $C$点

图 7-22　　混凝土在不同时刻的破坏形式

相场法的计算还采用了 $l_0 = 0.30\text{mm}, 0.40\text{mm}$ 和 $0.50\text{mm}$ 三种不同的特征宽度，三种情况下都保持了 $l_i = l_0$，从图 7-21 可见模拟结果受特征宽度取值的影响较小。

# 参 考 文 献

[1] Zhang P, Hu X F, Yang S, Yao W A. Modelling progressive failure in multi-Phase materials using a phase field method. Engineering Fracture Mechanics, 2019, 209: 105-124.

[2] Zhang P, Yao W A, Hu X F, Bui T Q. 3D micromechanical progressive failure simulation for fiber-reinforced composites. Composite Structures, 2020: 112534.

[3] Hu X F, Zhang P, Yao W A. Phase field modelling of microscopic failure in composite laminates. Journal of Composite Materials, 2020: 0021998320976794.

[4] Catalanotti G. On the generation of rve-based models of composites reinforced with long fibres or spherical particles. Composite Structures, 2016, 138: 84-95.

[5] Bourdin B, Francfort G A, Marigo J J. The variational approach to fracture. New York: Springer Science+Business Media B.V, 2008.

[6] Nguyen V P, Nguyen G D, Nguyen C T, Shen L M, Dias-da-Costa D, EI-Zein A, Maggi F. Modelling complex cracks with finite elements: A kinematically enriched constitutive model. International Journal of Fracture, 2017, 203: 21-39.

[7]  Varandas L, Arteiro A, Catalanotti G, Falzon B G. Micromechanical analysis of inter-laminar crack propagation between angled plies in mode I tests. Composite Structures, 2019, 220: 827-841.

[8]  Ren W, Yang Z, Sharma R, Zhang C, Withers P J. Two-dimensional X-ray CT image based meso-scale fracture modelling of concrete. Engineering Fracture Mechanics, 2015, 133: 24-39.

[9]  Lopez C M, Carol I, Aguado A. Meso-structural study of concrete fracture using inter-face elements. I: numerical model and tensile behavior. Materials and Structures, 2008, 41: 583-599.

# 第 8 章　相场模型在 ABAQUS 中的编程实现

由于相场法中位移场与相场是相互耦合的，且一些情况中裂纹会突然失稳扩展，因此相场方程通常是强非线性的。此外，相场法要求裂纹扩展路径上使用细密的网格，以获得精细的模拟结果，因而结构的计算自由度通常较大。种种因素导致相场法伴随着严重的迭代收敛性和数值稳定性等问题，为了解决这些问题，通常需要严格的数值方法理论和强大的编程环境才能得以有效实现。就目前来看，相场法的程序涵盖了较多的数学知识，如非线性迭代、方程求解等，这些技术又对内存管理、程序效率等计算机基础技术提出了较高的要求。对于初学者而言，自行在 C 语言或者 Matlab 编程环境下去实现相场法是有难度的，即便是程序可以运行，也可能伴有严重的效率问题，导致难以很好地完成数值模拟。为此，本章将介绍相场法在商业软件 ABAQUS 的二次开发环境中的实现方式，通过用户自定义单元 "UEL" 的接口，可以只定义相场单元列式，而有限元体系中的其他部分，例如方程求解、非线性迭代等完全使用 ABAQUS 内置的功能。这样，就可以较为轻松地获得令人满意的计算效率和数值稳定性，从而更大程度地发挥相场法的潜力。事实上，目前国际上也有很多学者采用类似的方法来实现相场法，有兴趣的读者可以参阅相关文献 [1,2]。

## 8.1　ABAQUS 用户子单元 UEL 的使用

针对有限元体系中的不同环节，ABAQUS 软件提供了很多的二次开发接口，如著名的 UMAT、UEL 等。本章中主要介绍如何通过 UEL(用户子单元) 的方式在 ABAQUS 中实现一般的相场模型。UEL 允许用户自行定义单元列式，而有限元其余的环节，如方程组的求解仍然由软件完成。下面，我们对 UEL 进行一个简单的介绍，包括其中的一些接口以及与它相对应的输入文件的语法，以便于读者能够更快地上手此类二次开发工具。

首先，ABAQUS 二次开发使用 Fortran 程序语言进行编写，而 UEL 本质上是一个标准的 Fortran 子程序。因此，需要把握 UEL 的输入与输出，及理解 UEL 做的是什么事情。用户子程序 UEL 的接口如下：

```
SUBROUTINE UEL(RHS, AMATRX, SVARS, ENERGY, NDOFEL, NRHS, NSVARS,
1 PROPS, NPROPS, COORDS, MCRD, NNODE, U, DU, V, A, JTYPE, TIME, DTIME,
```

```
   2 KSTEP, KINC, JELEM, PARAMS, NDIOAD, JDLTYP, ADL, MAG, PREDEF,
   3 NPREDF, LFLAGS, MLVARX, DDLMAG, MDIOAD, PNEWDT, JPROPS, NJPROP,
   4 PERIOD)
C
   INCL UDE 'ABA PARAM.INC'
C
   DIMENSION RHS(MLVARX,*), AMATRX(NDOFEL, NDOFEL),
   1 SVARS(NSVARS), ENERGY(8), PROPS(*), COORDS(MCRD, NNODE),
   2 U(NDOFEL), DU(MLVARX,*), V(NDOFEL), A(NDOFEL), TIME(2),
   3 PARAMS(3), JDLTYP(MDLOAD,*), ADLMAG(MDLOAD,*),
   4 DDLMAG(MDLOAD,*), PREDEF(2,NPREDF,NNODE), LFLAGS(*), JPROPS(*)
```

作为输入，ABAQUS 为用户单元 UEL 提供的输入变量有：节点坐标、位移、增量位移，对于动态问题，还有速度和加速度，增量开始时刻的状态变量 SDVs，总时间和增量时间，温度以及用户定义的场变量。用户必须定义下面的输出变量：右端向量 (节点流或力)，刚度矩阵以及依赖于解的状态变量。在使用 UEL 子程序定义一个新的单元前，还必须先在 input 文件中申明单元的以下主要特征：

(1) 单元的节点数；

(2) 节点的坐标数；

(3) 每一个节点处的自由度数。

在 input 文件中，用户单元是用 *USER ELEMENT 选项定义的，这个选项必须出现在引用用户单元的 *ELEMENT 选项的前面。输入文件中用于 UEL 的语法如下：

```
*USER ELEMENT, TYPE=Un, NODES=, COORDINATES=,
PROPERTIES=, I PROPERTIES=, VARIABI ES=, UNSYMM
Data lines(s)
*EL EMENT,TYPE=Un, EI SET=UEL
Data line(s)
*UEL PROPERTY,EL SET=UEL
Data line(s)
*USER SUBROUTINE, (INPUT=file_ name)
```

所有参数的详细描述请参见 ABAQUS(6.14 版) 用户手册的 "Abaqus Analysis User's Guide" 板块第 32.15.1 节。

在使用 Fortran 进行二次开发前，我们需要按照用户手册的指引安装 Fortran 编译器，并配置编译环境，建议使用 Fortran90 编译器，其格式较为自由，当然也可以使用 Fortran77，取决于读者的喜好。如果使用 Fortran90，那么需要注意将原来 UEL 接口中的注释格式和跨行格式进行相应的修改。通常，编译环境的配置

可在环境变量文件 (*.env) 中实现，该文件一般有类似于 abaqus_v6.env 的文件名，详情参阅 ABAQUS(6.14 版) 用户手册的 "Abaqus Installation and Licensing Guide" 板块第 4.1 节。在准备好 UEL 二次开发代码文件和输入文件后，将配置好的环境变量文件放在当前程序目录下，然后调用 ABAQUS，指定好二次开发文件的文件名、输入文件的文件名以及其他的运行命令，执行程序，便可以完成数值模拟。通常，可用如下形式的命令行调用 Abaqus：abaqus job=test.inp user=test.f90。

完成数值模拟后，还需要使用可视化进行结果的查看，由于 ABAQUS 自带的 Visualization 模块不支持 UEL，如果使用该模块强行查看，可发现显示了很多 "叉号"，无法显示单元。为了解决这个问题，通常需要使用第三方软件，例如 Tecplot，为此需要将运行结果重新整理，制作 Tecplot 软件的输入文件，最终进行可视化查看。不失一般性，Tecplot 输入文件 (文本格式) 的格式通常为

```
variables="x", "y", "U","V","phase"
 zone T="2DFE",n=                  4 ,e=                 1 ,f=fepoint,et=quadrilateral,C=RED
   0.5000000E+00   0.5000000E+00   0.0000000E+00   0.1000000E-02   0.0000000E+00
  -0.5000000E+00   0.5000000E+00   0.0000000E+00   0.1000000E-02   0.0000000E+00
   0.5000000E+00   0.0000000E+00  -0.2500000E-03   0.5000000E-03   0.0000000E+00
  -0.5000000E+00   0.0000000E+00   0.2500000E-03   0.5000000E-03   0.0000000E+00
            1         2         4         3
```

该文件中包含了节点坐标、节点变量值、单元编号，具体的 Tecplot 输入文件格式请读者参阅用户手册。在制作 Tecplot 输入文件时，采集数据的方法有多种，这里介绍两种典型的访问 ABAQUS 的计算结果的方法。第一种方法是通过访问 ABAQUS 结果文件 (*.fil)，该方式要求用户自行完成 Fortran 子程序，而 ABAQUS 提供了名为 "ABQMAIN" 的子程序接口，该子程序专门用于读取结果文件。相关功能的详细描述请参见 ABAQUS(6.14 版) 用户手册的 "Abaqus Analysis User's Guide" 板块第 5.1.3 节。"ABQMAIN" 中还需要调用读取文件内容的子程序 "INITPF"、"DBRNU"、"DBFILE" 等，用户可自行完成这些子程序以定义读取内容和输出文件的格式，从而完成 ABAQUS 结果的访问和 Tecplot 输入文件的生成。使用这种方法需要在 ABAQUS 输入文件中指定输出内容，例如使用 "*EL FILE" 和 "*NODE FILE" 输出单元和节点变量到 fil 文件中，若不指定将会导致 fil 中无输出结果。将下文的实例代码保存到 postproc.f 文件中，执行 abaqus make job=postproc 进行编译链接，再执行 abaqus postproc，即可运行该程序，完成结果的输出。下面给出了一段实例代码，仅供读者参考程序的格式和流程，该代码的输出内容包含了一些额外的变量，请读者自行删除无用信息。

```
SUBROUTINE ABQMAIN
```

```
INCLUDE 'ABA_PARAM.INC'
CHARACTER*80 FNAME
DIMENSION ARRAY(513), JRRAY(NPRECD, 513), LRUNIT(2,1)
EQUIVALENCE (ARRAY(1),JRRAY(1,1))
! ARRAY: floating point in the records
! JRRAY: integer variables in the records
INTEGER:: i,j,k
INTEGER:: temp_node
INTEGER:: inc_num,step_num
INTEGER:: Num_node, Num_elem
character(len=512):: cfile,str1,str2
REAL(8), DIMENSION(:,:), ALLOCATABLE:: node, SDV_val, U
REAL(8), DIMENSION(:), ALLOCATABLE:: phase_val
INTEGER, DIMENSION(:,:), ALLOCATABLE:: element_num
Num_node=**!根据模型的单元节点信息,手动输入具体数值
Num_elem=**!根据模型的单元节点信息,手动输入具体数值
ALLOCATE (node(Num_node, 2), SDV_val(Num_node, 6))
ALLOCATE (phase_val(Num_node))
ALLOCATE (element_num(Num_elem,4))
ALLOCATE (U(Num_node, 2))
! ================================================================
! File initialization
! ================================================================
FNAME='**'              ! Result file name (Job name)需要输入*.inp文件名称
NRU=1                           ! Number of result file
LRUNIT(1,1)=8                   ! Result file type (*.fil)
LRUNIT(2,1)=1                   ! Result file format (ASCII)
LOUTF=0                         ! Output file format (banned)
CALL INITPF(FNAME,NRU,LRUNIT,LOUTF)
! This subroutine contains FORTRAN OPEN statements
JUNIT=8                         ! Reasult file type (*.fil)
CALL DBRNU(JUNIT)
! ================================================================
! Loop on all records in results file
! ================================================================
JRCD=0
DO WHILE (JRCD .EQ. 0)
   CALL DBFILE(0, ARRAY, JRCD)        ! Read the next record in the file
   KEY=JRRAY(1, 2)
   IF (KEY .EQ. 1900) THEN    ! Element definitions
```

```
              element_num(JRRAY(1,3),1)=JRRAY(1,5)
              element_num(JRRAY(1,3),2)=JRRAY(1,6)
              element_num(JRRAY(1,3),3)=JRRAY(1,7)
              element_num(JRRAY(1,3),4)=JRRAY(1,8)
      ELSE IF (KEY .EQ. 1901) THEN          ! Node definitions
              node(JRRAY(1,3),1)=ARRAY(4)
              node(JRRAY(1,3),2)=ARRAY(5)
      ELSE IF (KEY .EQ. 2000) THEN          ! Increment start record
              step_num=JRRAY(1,8)
              inc_num=JRRAY(1,9)
      END IF
      IF (inc_num .GT. 0) THEN             ! Output specified frames
          IF (KEY .EQ. 201) THEN           ! Record type: temperature
              phase_val(JRRAY(1,3))=ARRAY(4)
          ELSE IF (KEY.EQ.101) THEN        ! Record type: displacement
              U(JRRAY(1,3),1)=ARRAY(4)
              U(JRRAY(1,3),2)=ARRAY(5)
          ELSE IF (KEY .EQ. 1) THEN
              temp_node=JRRAY(1,3)
          ELSE IF (KEY .EQ. 5) THEN        ! 平均化到节点的SVARS
              SDV_val(temp_node,1)=ARRAY(3)
              SDV_val(temp_node,2)=ARRAY(27)
              SDV_val(temp_node,3)=ARRAY(28)
          ELSE IF (KEY .EQ. 2001) THEN     ! 当前帧读取结束
              WRITE(str1,*) step_num
              WRITE(str2,*) inc_num
              cfile = 'result'//TRIM(ADJUSTL(str1))//'-'//
     1      TRIM(ADJUSTL(str2))//'.plt'
              OPEN (17,file=cfile,form='formatted',status='replace')
              WRITE(17,*)'variables="x", "y", "U","V","phase"
              WRITE(17,*)'zone T="2DFE",n=',Num_node,',e=',Num_elem,
     1      ',f=fepoint,et=quadrilateral,C=RED'
              DO i=1,Num_node
                  WRITE (17,100) (node(i,j),j=1,2), (U(i,j),j=1,2),
     1          phase_val(i)
              END DO
              DO i=1,Num_elem
                  WRITE (17,99) (element_num(i,j),j=1,4)
              END DO
99            FORMAT(I8,I8,I8,I8)
```

```
                CLOSE(17)
100             FORMAT(5E15.7)
            END IF
        END IF
    END DO
    DEALLOCATE (node,SDV_val)
    DEALLOCATE (phase_val)
    DEALLOCATE (element_num)
    DEALLOCATE (U)
    END SUBROUTINE ABQMAIN
```

　　第二种方法是通过 Python 编程的方法直接访问 ABAQUS 结果数据库文件 (*.odb)，然后输出到文件中生成 Tecplot 输入文件，由于 Python 是面向对象编程语言，这种方法更加简便，但是也存在一些问题，例如无法访问状态变量等内部计算结果。相关功能的详细描述请参见 ABAQUS(6.14 版) 用户手册的 "Abaqus Scripting User's Guide" 板块第 9 节。下面给出了一段实例代码，仅供读者参考格式和流程，该代码输出内容也包含了一些额外变量，请读者自行删除无用信息。

```
from odbAccess import *
import string
import sys
import os
currentpath=os.getcwd()
myodb=openOdb(path=currentpath+'\\co1.odb')
frame_all=myodb.steps['Step-1'].frames
assembly=myodb.rootAssembly
instance=assembly.instances['PART-1-1']
numNodes=len(instance.nodes)
numElements=len(instance.elements)
fr=open('element.txt')
lines=fr.readlines()
for fi in range(len(frame_all)):
    if fi % 1 !=0:
        continue
    else:
        model_file=open('results'+str(fi)+'.plt','w')
        model_file.write("variables="+'"'+"x"+'"',',+'"'+"y"+'"',',+'"'+"z"+'"',
        '+'"'+"Uxx"+'"',',+'"'+"Uyy"+'"',',+'"'+"Uzz"+'"',',+'"'+"Ux"+'"',
        '+'"'+"Uy"+'"',',+'"'+"Uz"+'"',',+'"'+"Pf"+'"'+'\n')
        model_file.write("zone  n="+str(numNodes)+",e="+str(numElements)+",
```

```
            f=fepoint, et=quadrilateral"+'\n')
            displacement=frame_all[fi].fieldOutputs['U'].values
            phasefield=frame_all[fi].fieldOutputs['NT11'].values
            vals=[[0 for i in range(7)]
            for ni in range(len(displacement)):
                nod_num=instance.nodes[ni].label-1
                vals[nod_num][0]=instance.nodes[ni].coordinates[0]
                vals[nod_num][1]=instance.nodes[ni].coordinates[1]
                vals[nod_num][2]=0
                vals[nod_num][3]=displacement[ni].data[0]
                vals[nod_num][4]=displacement[ni].data[1]
                vals[nod_num][5]=0
                vals[nod_num][6]=phasefield[ni].data
            for i in range(len(displacement)):
                var1=str(vals[i][0])
                var2=str(vals[i][1])
                var3=str(vals[i][2])
                var4=str(vals[i][0]+vals[i][3])
                var5=str(vals[i][1]+vals[i][4])
                var6=str(vals[i][2]+vals[i][5])
                var7=str(vals[i][3])
                var8=str(vals[i][4])
                var9=str(vals[i][5])
                var10=str(vals[i][6])
            model_file.write(var1+'\t'+var2+'\t'+var3+'\t'+var4+'\t'+var5+'\t'
                +var6+'\t'+var7+'\t'+var8+'\t'+var9+'\t'+var10+'\n')
            for line in lines:
                line=line.split(',')
                for line_items in line:
                    if line_items!=line[0]:
                        model_file.write(line_items.strip()+'\t'+'\t')
                model_file.write('\n')
fr.close()
model_file.close()
myodb.close()
print "DONE !"
```

将这一段实例代码保存到 postproc.py 文件中，执行 abaqus viewer noGUI
= postproc 即可。注意需要额外提供一个 "element.txt" 文件，其中包含了所有
的单元信息 (单元编号以及该单元包含的节点编号)。例如，对于只有一个单元的

结构，单元节点序号为 1~4，那么 "element.txt" 文件内容为

$$1, \quad 1, 2, 4, 3$$

## 8.2 脆性断裂相场模型编程及代码

为了在 ABAQUS 二次开发环境中实现相场法，这里自定义一个矩形 UEL 相场单元，该单元有四个节点，每个节点上有三个自由度，其中 1 号和 2 号为两个位移自由度，11 号表示相场自由度。提供 6 个输入变量，用于定义材料和算法所涉及的参数，开 8 个状态变量的存储空间，用于存储积分点上应变能密度的历史最大值。在本章代码示例中，使用 Fortran90 编译器及相应的语法格式。简单起见，本节算例只包含一个单元，但本代码可以用于多个单元的模拟。在 UEL 中，关键要定义单元的刚度阵和右端向量，而第 3 章已经给出了相应的列式，对于位移场，其刚度阵为

$$\boldsymbol{K}_e^{uu} = \int_{\Omega^e} \omega(d) \left(\boldsymbol{B}^u\right)^{\mathrm{T}} \boldsymbol{D} \boldsymbol{B}^u \left|\boldsymbol{J}\right| \mathrm{d}\xi \mathrm{d}\eta \tag{8-1}$$

相场的刚度阵为

$$\boldsymbol{K}_e^{dd} = \int_{\Omega^e} H\left(\psi^+\right) \omega''(d) \left(\boldsymbol{N}^d\right)^{\mathrm{T}} \boldsymbol{N}^d \left|\boldsymbol{J}\right| \mathrm{d}\xi \mathrm{d}\eta$$
$$+ \int_{\Omega^e} \frac{G_c}{l_0} \left[\left(\boldsymbol{N}^d\right)^{\mathrm{T}} \boldsymbol{N}^d + l_0^2 (\boldsymbol{B}^d)^{\mathrm{T}} \boldsymbol{B}^d\right] \left|\boldsymbol{J}\right| \mathrm{d}\xi \mathrm{d}\eta \tag{8-2}$$

可以发现，位移刚度阵只比常规有限元多了一个退化函数，而退化函数的值可以由积分点上的相场值直接计算出来，下面是相应的代码片段：

```fortran
DO k=1,2*NNODE
  DO l=1,2*NNODE
    DO i=1,3
      DO j=1,3
        Kuu(k,l)=Kuu(k,l)+WEIGHT(ipt)*
             BU(i,k)*CMAT(i,j)*BU(j,l)*DET_JACOBI*
             THCK*((ONE-PHASE)**TWO+PARK)
      END DO
    END DO
  END DO
END DO
```

其中，变量 Kuu 为位移刚度阵，WEIGHT 积分权重，CMAT 为材料刚度阵，DET_JACOBI 为雅可比行列式，THCK 为二维模型的厚度，BU 为位移有限元 $\boldsymbol{B}$ 矩阵，PHASE 为相场值，ONE 和 TWO 分别为自定义的双精度数 1 和 2，而 ((ONE-PHASE)**TWO+PARK) 为退化函数，其中 PARK 为小量，用于保证数值稳定性，经实测发现，在 ABAQUS 环境下，该值也可取为零。类似地，对于相场的刚度阵，相应的代码片段为

```
DO i=1,NNODE
  DO k=1,NNODE
    DO j=1,2
      Kpp(i,k)=Kpp(i,k)+BP(j,i)*BP(j,k)*
          DET_JACOBI*THCK*GCPAR*CLPAR*WEIGHT(ipt)
    END DO
    Kpp(i,k)=Kpp(i,k)+Nx(i)*Nx(k)*DET_JACOBI*THCK*
        WEIGHT(ipt)*(GCPAR/CLPAR+TWO*HIST)
  END DO
END DO
```

其中 Kpp 为相场刚度阵，BP 为相场有限元 B 矩阵，GCPAR 为材料临界能量释放率，GLPAR 为相场特征宽度，HIST 为相场历史变量。位移场和相场的右端向量的计算公式分别为

$$\boldsymbol{R}_e^u = -\left[\int_{\Omega^e} \omega(d)(\boldsymbol{B}^u)^{\mathrm{T}}\boldsymbol{D}\boldsymbol{B}^u\,|\boldsymbol{J}|\,\mathrm{d}\xi\mathrm{d}\eta\right]\boldsymbol{u}^e$$
$$+ \int_{\Omega^e}(\boldsymbol{N}^u)^{\mathrm{T}}\cdot\boldsymbol{f}\,|\boldsymbol{J}|\,\mathrm{d}\xi\mathrm{d}\eta + \int_{\partial\Omega_t}(\boldsymbol{N}^u)^{\mathrm{T}}\cdot t\mathrm{d}S \qquad (8\text{-}3)$$

$$\boldsymbol{R}_e^d = -\left\{\int_{\Omega^e}\frac{G_c}{l_0}\left[(\boldsymbol{N}^d)^{\mathrm{T}}\boldsymbol{N}^d + l_0^2(\boldsymbol{B}^d)^{\mathrm{T}}\boldsymbol{B}^d\right]|\boldsymbol{J}|\,\mathrm{d}\xi\mathrm{d}\eta\right\}\boldsymbol{d}^e$$
$$- \int_{\Omega^e}\omega'(d)\psi^+(\boldsymbol{\varepsilon})(\boldsymbol{N}^d)^{\mathrm{T}}|\boldsymbol{J}|\,\mathrm{d}\xi\mathrm{d}\eta \qquad (8\text{-}4)$$

相应的程序实现代码片段为

```
!计算位移场右端向量
DO i=1,2*NNODE
  DO j=1,3
    Ru(i)=Ru(i)-WEIGHT(ipt)*BU(j,i)*STRESS(j)*
    DET_JACOBI*THCK*((ONE-PHASE)**TWO+PARK)
  END DO
```

```
            END DO
    !计算相场右端向量
        DO i=1,NNODE
            DO j=1,2
                Rp(i)=Rp(i)-BP(j,i)*DP(j)*GCPAR*CLPAR*
                WEIGHT(ipt)*DET_JACOBI*THCK
            END DO
            Rp(i)=Rp(i)-Nx(i)*WEIGHT(ipt)*DET_JACOBI*THCK*
            ((GCPAR/CLPAR+TWO*HIST)*PHASE-TWO*HIST)
        END DO
```

其中 Ru 和 Rp 分别为位移场和相场的右端向量，STRESS 为应力，DP 为相场的梯度向量。最后，需要将位移场和相场的刚度阵组装起来。由于 ABAQUS 二次开发平台不提供控制迭代流程的接口，导致无法使用严格意义上的交替迭代格式，因此在第 3 章中，介绍了一种解耦合的迭代算法，用于代替传统的交替迭代格式，该迭代算法格式为

$$
\left\{ \begin{array}{c} \boldsymbol{u}_{l+1} \\ \boldsymbol{d}_{l+1} \end{array} \right\} = \left\{ \begin{array}{c} \boldsymbol{u}_{l} \\ \boldsymbol{d}_{l} \end{array} \right\} + \left[ \begin{array}{cc} \boldsymbol{K}_{l}^{uu} & \boldsymbol{0} \\ \boldsymbol{0} & \boldsymbol{K}_{l}^{dd} \end{array} \right]^{-1} \left\{ \begin{array}{c} \boldsymbol{R}_{l}^{u} \\ \boldsymbol{R}_{l}^{d} \end{array} \right\} \tag{8-5}
$$

对于本节定义的 UEL 子单元而言，则应该把位移场和相场的刚度阵赋值到相应的位置，单元刚度阵的耦合项保持为零，相关的代码片段为

```
    !计算整体刚度阵，这里将位移场刚度阵和相场刚度阵解耦合，分块排列
        DO i=1,NNODE
          DO j=1,NNODE
            AMATRX(3*i-2,3*j-2) =Kuu(2*i-1,2*j-1)
            AMATRX(3*i-2,3*j-1) =Kuu(2*i-1,2*j)
            AMATRX(3*i-1,3*j-2) =Kuu(2*i,2*j-1)
            AMATRX(3*i-1,3*j-1) =Kuu(2*i,2*j)
            AMATRX(3*i,3*j) =Kpp(i,j)
          END DO
        END DO
```

这里 AMATRX 为 UEL 的接口变量，用于存储单元刚度阵，上面的代码中将 Kuu 和 Kpp 分别存储到了 AMATRX 的相应位置。对于单元右端向量 RHS，也应做相应的顺序排列，相关的代码片段为

```
    !将位移场右端项和相场右端项拼接在个整体RHS向量里面
        DO i=1,NNODE
```

```
        RHS(3*i-2,1)=Ru(2*i-1)
        RHS(3*i-1,1)=Ru(2*i)
        RHS(3*i,1)=Rp(i)
    END DO
```

特别说明，下文附录的"脆性裂纹相场法 ABAQUS 二次开发程序"完整代码中虽然提供了能量分解的函数，但是没有执行，如需执行，需将相应的代码片段修改为

```
    CALL CAL_ENERGY_PLUS(ENG,STRAIN,EMOD,ENU)
    SVARS(2*(ipt-1)+1)=ENG
```

其中在执行子程序 CAL_ENERGY_PLUS 后，ENG 将被赋值为分解后受拉部分的能量密度，随后将该部分能量存储到 SVARS 中，用于历史最大值的判断。下文附录了相关的 ABAQUS 二次开发程序和 inp 文件，读者可将二次开发程序内容存储到 test.f90 文件中，将下文所附的 inp 文件存储到 test.inp 文件中，即可在 ABAQUS 二次开发环境下运行模拟。

### 脆性裂纹相场法 ABAQUS 二次开发程序：

```
! 本程序所对应的理论参见第三章；
! 版权所有，大连理工大学，力学系，胡小飞等；
! 本书《断裂相场法》作者为胡小飞等；
! 可参考的相关论文：
! Bui TQ, Hu XF(*). A review of phase-field models, fundamentals and their
  applications to composite
! laminates. Engineering Fracture Mechanics, 2021, 107705.
! Hu XF, Zhang P, Yao WA(*). Phase field modelling of microscopic
! failure in composite laminates. Journal of Composite Materials, 2020:
  0021998320976794.
! Zhang P, Hu XF(*), Yao WA, Bui TQ. An explicit phase field model for
  progressive tensile failure of
! composites. Engineering Fracture Mechanics, 2020, 107371.
! Zhang P, Yao WA, Hu XF (*), Zhuang XY. Phase field modelling of progressive
  failure in composites
! combined with cohesive element with an explicit scheme. Composite
  Structures, 2020, 113353.
! Zhang P, Yao W, Hu XF(*), Bui, TQ. 3D micromechanical progressive failure
  simulation for fiber-
! reinforced composites. Composite Structures, 2020: 112534.
! Zhang P, Feng YQ, Bui TQ, Hu XF(*), Yao WA. Modelling Distinct Failure
  Mechanisms in Composite
```

```
! Materials by a Combined Phase Field Method. Composite Structures, 2020:
  111551.
! Zhang P, Hu XF(*), Bui TQ, Yao WA, Phase field modeling of fracture in fiber
  reinforced composite
! laminate, International Journal of Mechanical Science, 2019, 161-162: 105008.
! Zhang P, Hu XF(*), Yang S, Yao WA. Modelling Progressive Failure in
  Multi-Phase Materials Using A
! Phase Field Method. Engineering Fracture Mechanics, 2019, 209: 105-124.
! Zhang P, Hu XF(*), Wang XY, Yao WA. An iteration scheme for phase field
  model for cohesive fracture
! and its implementation in Abaqus. Engineering Fracture Mechanics, 2018, 204:
  268-287.
! Hu XF, Huang X, Yao WA, Zhang P. Precise integration explicit phase field
  method for dynamic brittle
! fracture. Mechanics Research Communications, 2021, 113: 103698.
    SUBROUTINE UEL(RHS,AMATRX,SVARS,ENERGY,NDOFEL,NRHS,NSVARS,
1       PROPS,NPROPS,COORDS,MCRD,NNODE,U,DU,V,A,JTYPE,TIME,DTIME,
2       KSTEP,KINC,JELEM,PARAMS,NDLOAD,JDLTYP,ADLMAG,PREDEF,
3       NPREDF,LFLAGS,MLVARX,DDLMAG,MDLOAD,PNEWDT,JPROPS,NJPROP,
4       PERIOD)
    INCLUDE 'ABA_PARAM.INC'

    REAL(8)::ZERO=0.D0,ONE=1.D0,TWO=2.D0,HALF=0.5D0
    INTEGER NSVARS,NRHS,NDOFEL,MDLOAD,MLVARX,NPREDF,MCRD,NPROPS,NNODE,
1 JTYPE,KINC,NDLOAD,NJPROP
    REAL(8) SVARS(NSVARS),ENERGY(8),PROPS(NPROPS),
1 COORDS(MCRD,NNODE),U(NDOFEL),DU(MLVARX,1),V(NDOFEL),A(NDOFEL),
2 TIME(2),PARAMS(3),JDLTYP(MDLOAD,*),ADLMAG(MDLOAD,*),
3 DDLMAG(MDLOAD,*),PREDEF(2,NPREDF,NNODE),LFLAGS(*),JPROPS(*),
4 AMATRX(NDOFEL,NDOFEL),RHS(MLVARX,1),DTIME,PNEWDT,PERIOD
    INTEGER i,j,l,k,ipt
    REAL(8) xi, eta                    ! 局部坐标
    REAL(8) GAUSS(NNODE,2)              ! 高斯点坐标
    REAL(8) WEIGHT(NNODE)               ! 高斯积分权重
    REAL(8) JACOBI(2,2)                ! 雅可比矩阵
    REAL(8) dNdxi(2,NNODE)              ! 形函数对局部坐标的导数矩阵
    REAL(8) dNdx(2,NNODE)               ! 形函数对全局坐标的导数矩阵
    REAL(8) DET_JACOBI                  ! 雅可比行列式
    REAL(8) INV_JACOBI(2,2)            ! 雅可比矩阵的逆
    REAL(8) Nx(4)                      ! [N1 N2 N3 N4]
```

```
      REAL(8)  BP(2,NNODE)                           ! 相场的B矩阵
      REAL(8)  BU(3,2*NNODE)                         ! 应变位移矩阵
      REAL(8)  DP(2)                                 ! 相场的梯度向量
      REAL(8)  CMAT(3,3)                             ! 弹性系数矩阵
      REAL(8)  N(2,2*NNODE)                          ! 形函数矩阵
      REAL(8)  UU(2*NNODE)                           ! 位移自由度
      REAL(8)  PHI(NNODE)                            ! 相场自由度
      REAL(8)  STRAIN(3)                             ! 应变向量
      REAL(8)  STRESS(3)                             ! 应力向量
      REAL(8)  PHASE                                 ! 积分点处的相场值
      REAL(8)  Ru(2*NNODE)                           ! 位移场的右端项
      REAL(8)  Rp(NNODE)                             ! 相场的右端项
      REAL(8)  Kuu(2*NNODE,2*NNODE)                  ! 位移刚度矩阵
      REAL(8)  Kpp(NNODE,NNODE)                      ! 相场刚度矩阵
      REAL(8)  THCK,HIST,CLPAR,GCPAR,EMOD,ENU,PARK ,ENG
!以下部分变量由用户在inp文件中定义,  ABAQUS自行读取并赋值
      CLPAR =PROPS(1)                               ! 相场特征宽度
      GCPAR =PROPS(2)                               ! 临界能量释放率
      EMOD  =PROPS(3)                               ! 弹性模量
      ENU   =PROPS(4)                               ! 泊松比
      THCK  =PROPS(5)                               ! 厚度
      PARK  =PROPS(6)                               ! 退化函数的稳定系数
!材料弹性属性定义
      CMAT = 0.d0
      CMAT(1,1)=EMOD/((ONE+ENU)*(ONE-TWO*ENU))*(ONE-ENU)
      CMAT(2,2)=EMOD/((ONE+ENU)*(ONE-TWO*ENU))*(ONE-ENU)
      CMAT(3,3)=EMOD/((ONE+ENU)*(ONE-TWO*ENU))*(HALF-ENU)
      CMAT(1,2)=EMOD/((ONE+ENU)*(ONE-TWO*ENU))*ENU
      CMAT(2,1)=EMOD/((ONE+ENU)*(ONE-TWO*ENU))*ENU
!变量初始化, 清零(与常规有限元无异)
      AMATRX =0.d0
      Kuu=0.d0
      Kpp=0.d0
      RHS=0.d0
      DO i =1,NNODE
          Ru(i)=0.D0
          Ru(i+4)=0.D0
          Rp(i)=0.D0
          UU(2*i-1) =U(3*i-2)
          UU(2*i)   =U(3*i-1)
```

```
        PHI(i)    =U(3*i)
    END DO
    GAUSS(1,1)=-0.577350269189626; GAUSS(1,2)=-0.577350269189626
    GAUSS(2,1)= 0.577350269189626; GAUSS(2,2)=-0.577350269189626
    GAUSS(3,1)= 0.577350269189626; GAUSS(3,2)= 0.577350269189626
    GAUSS(4,1)=-0.577350269189626; GAUSS(4,2)= 0.577350269189626
    WEIGHT=ONE
!开始计算刚度阵，沿高斯点循环
    LOOP_IPT :DO ipt=1,4
        xi  = GAUSS(ipt,1); eta = GAUSS(ipt,2)
        CALL SHAPEFUN(Nx,dNdxi,xi,eta)
        JACOBI=0.d0
        DO j=1,NNODE
            JACOBI(1,1)=JACOBI(1,1)+dNdxi(1,j)*COORDS(1,j)
            JACOBI(1,2)=JACOBI(1,2)+dNdxi(1,j)*COORDS(2,j)
            JACOBI(2,1)=JACOBI(2,1)+dNdxi(2,j)*COORDS(1,j)
            JACOBI(2,2)=JACOBI(2,2)+dNdxi(2,j)*COORDS(2,j)
        END DO
!计算雅可比矩阵的逆矩阵(与常规有限元无异)
        DET_JACOBI=JACOBI(1,1)*JACOBI(2,2)-JACOBI(1,2)*JACOBI(2,1)
        INV_JACOBI(1,1)= JACOBI(2,2)/DET_JACOBI
        INV_JACOBI(1,2)=-JACOBI(1,2)/DET_JACOBI
        INV_JACOBI(2,1)=-JACOBI(2,1)/DET_JACOBI
        INV_JACOBI(2,2)= JACOBI(1,1)/DET_JACOBI
!计算形函数导数(与常规有限元无异)
        dNdx=0.d0
        DO i=1,2
          DO j=1,NNODE
            DO k=1,2
              dNdx(i,j)=dNdx(i,j)+INV_JACOBI(i,k)*dNdxi(k,j)
            END DO
          END DO
        END DO
!计算相场B矩阵BP，位移场B矩阵BU
        BU=0.d0
        DO i=1,NNODE
            BP(1,i)=dNdx(1,i);       BP(2,i)=dNdx(2,i)
            BU(1,i*2-1)=dNdx(1,i);  BU(2,i*2)  =dNdx(2,i)
            BU(3,i*2-1)=dNdx(2,i);  BU(3,i*2)  =dNdx(1,i)
        END DO
```

```
!计算相场高斯点上的相场值和梯度
        PHASE=ZERO
        DO i=1,2
            DP(i)=ZERO
        END DO
        DO i=1,NNODE
            PHASE=PHASE+Nx(i)*PHI(i)
            DO j=1,2
                DP(j)=DP(j)+BP(j,i)*PHI(i)
            END DO
        END DO
!计算高斯点上应变
        DO i=1,3
            STRAIN(i)=ZERO
            DO j=1,2*NNODE
                STRAIN(i)=STRAIN(i)+BU(i,j)*UU(j)
            END DO
        END DO
!计算高斯点上应力
        DO i=1,3
            STRESS(i)=ZERO
            DO j=1,3
                STRESS(i)=STRESS(i)+CMAT(i,j)*STRAIN(j)
            END DO
        END DO
!计算高斯点上应变能密度，并存入SVARS中
        ENG=0
        DO i=1,3
            ENG=ENG+STRESS(i)*STRAIN(i)*HALF
        END DO
        SVARS(2*(ipt-1)+1)=ENG
! 执行能量分解(如进行拉压分解，则应使用分解后的拉伸部分能量)
        ! CALL CAL_ENERGY_PLUS(ENG,STRAIN,EMOD,ENU)
!更新历史变量
        IF (SVARS(2*(ipt-1)+1).GT.SVARS(2*(ipt-1)+2)) THEN
            HIST=SVARS(2*(ipt-1)+1)
        ELSE
            HIST=SVARS(2*(ipt-1)+2)
        END IF
        SVARS(2*(ipt-1)+2)=HIST
```

```
!计算位移场的刚度阵，考虑了相场退化函数
        DO k=1,2*NNODE
          DO l=1,2*NNODE
            DO i=1,3
              DO j=1,3
                Kuu(k,l)=Kuu(k,l)+WEIGHT(ipt)*
     1            BU(i,k)*CMAT(i,j)*BU(j,l)*DET_JACOBI*
     2            THCK*((ONE-PHASE)**TWO+PARK)
              END DO
            END DO
          END DO
        END DO
!计算相场刚度阵
        DO i=1,NNODE
          DO k=1,NNODE
            DO j=1,2
              Kpp(i,k)=Kpp(i,k)+BP(j,i)*BP(j,k)*
     1          DET_JACOBI*THCK*GCPAR*CLPAR*WEIGHT(ipt)
            END DO
            Kpp(i,k)=Kpp(i,k)+Nx(i)*Nx(k)*DET_JACOBI*THCK*
     1        WEIGHT(ipt)*(GCPAR/CLPAR+TWO*HIST)
          END DO
        END DO
!计算整体刚度阵，这里将位移场刚度阵和相场刚度阵解耦合，分块排列
        DO i=1,NNODE
          DO j=1,NNODE
            AMATRX(3*i-2,3*j-2) =Kuu(2*i-1,2*j-1)
            AMATRX(3*i-2,3*j-1) =Kuu(2*i-1,2*j)
            AMATRX(3*i-1,3*j-2) =Kuu(2*i,2*j-1)
            AMATRX(3*i-1,3*j-1) =Kuu(2*i,2*j)
            AMATRX(3*i,3*j)     =Kpp(i,j)
          END DO
        END DO
!计算位移场右端项
        DO i=1,2*NNODE
          DO j=1,3
              Ru(i)=Ru(i)-WEIGHT(ipt)*BU(j,i)*STRESS(j)*
     1          DET_JACOBI*THCK*((ONE-PHASE)**TWO+PARK)
          END DO
        END DO
```

```
!计算相场右端项
      DO i=1,NNODE
         DO j=1,2
             Rp(i)=Rp(i)-BP(j,i)*DP(j)*GCPAR*CLPAR*
   1         WEIGHT(ipt)*DET_JACOBI*THCK
         END DO
         Rp(i)=Rp(i)-Nx(i)*WEIGHT(ipt)*DET_JACOBI*THCK*
   1     ((GCPAR/CLPAR+TWO*HIST)*PHASE-TWO*HIST)
      END DO
   END DO LOOP_IPT
!将位移场右端项和相场右端项拼接在个整体RHS向量里面
   DO i=1,NNODE
      RHS(3*i-2,1)=Ru(2*i-1)
      RHS(3*i-1,1)=Ru(2*i)
      RHS(3*i,1)  =Rp(i)
   END DO
   END SUBROUTINE UEL
!计算形函数及导数的子程序
   SUBROUTINE SHAPEFUN(N,dNdxi,xi,eta)
   IMPLICIT NONE
   REAL*8 N(4)
   REAL*8 dNdxi(2,4)
   INTEGER i,j
   REAL*8 xi,eta
   REAL,PARAMETER::ZERO=0.D0,ONE=1.D0,MONE=-1.D0,FOUR=4.D0
   N(1) = ONE/FOUR*(ONE-xi)*(ONE-eta)
   N(2) = ONE/FOUR*(ONE+xi)*(ONE-eta)
   N(3) = ONE/FOUR*(ONE+xi)*(ONE+eta)
   N(4) = ONE/FOUR*(ONE-xi)*(ONE+eta)
   DO i=1,4
      DO j=1,2
          dNdxi(i,j) =  ZERO
      END DO
   END DO
   dNdxi(1,1) = ONE/FOUR*(MONE+eta)
   dNdxi(1,2) = ONE/FOUR*(ONE-eta)
   dNdxi(1,3) = ONE/FOUR*(ONE+eta)
   dNdxi(1,4) = ONE/FOUR*(MONE*ONE-eta)
   dNdxi(2,1) = ONE/FOUR*(MONE*ONE+xi)
   dNdxi(2,2) = ONE/FOUR*(MONE*ONE-xi)
```

```
    dNdxi(2,3) = ONE/FOUR*(ONE+xi)
    dNdxi(2,4) = ONE/FOUR*(ONE-xi)
    END SUBROUTINE SHAPEFUN
! 计算能量分解的子程序
    SUBROUTINE CAL_ENERGY_PLUS(ENERGY_PLUS,STRAIN,E,NU)
    IMPLICIT NONE
    REAL(8) ENERGY_PLUS
    REAL(8) STRAIN(3), epx, epy, gamma ,p ,r
    REAL(8) E, NU, LAMBDA, G
    REAL(8) ep1, ep2, ep
    LAMBDA=E*NU/(1.d0+NU)/(1.d0-2.d0*NU)
    G=E/(2.d0*(1.d0+NU))
    IF (STRAIN(1)>STRAIN(2)) THEN
        epx=STRAIN(1);   epy=STRAIN(2)
    ELSE
        epx=STRAIN(2)
        epy=STRAIN(1)
    END IF
    gamma=STRAIN(3)
    p=(epx+epy)/2.d0
    r=sqrt(((epx-epy)/2.d0)**2.d0+(gamma/2.d0)**2.d0)
    ep1=p+r;   ep2=p-r
    ep=ep1+ep2
    IF (ep1.GT.0.D0) THEN
        ep1=ep1
    ELSE
        ep1=0.D0
    END IF
    IF (ep2.GT.0.D0) THEN
        ep2=ep2
    ELSE
        ep2=0.D0
    END IF
    IF (ep.GT.0.D0) THEN
        ep=ep
    ELSE
        ep=0.D0
    END IF
    ENERGY_PLUS=LAMBDA/2.d0*ep**2.d0+G*(ep1**2.d0+ep2**2.d0)
    END SUBROUTINE CAL_ENERGY_PLUS
```

### 脆性裂纹相场法 ABAQUS 的 inp 文件:

```
*Heading
** Job name: one element Model name: Model-1
** Generated by: Abaqus/CAE 6.14-1
*Preprint, echo=NO, model=NO, history=NO, contact=NO
**
** PARTS
**
*Part, name=Part-1
*End Part
**
**
** ASSEMBLY
**
*Assembly, name=Assembly
**
*Instance, name=Part-1-1, part=Part-1
*Node
      1,          0.,          0.
      2,          1.,          0.
      3,          0.,          1.
      4,          1.,          1.
*****************************************************************
*User element, nodes=4, type=U1, properties=6, coordinates=2, VARIABLES=8
1, 2, 11
*****************************************************************
*Element, type=U1
1, 1, 2, 4, 3
*Elset, elset=ALLELEM, internal
 1,
*****************************************************************
**定义用户单元的材料属性
*Uel property, elset=ALLELEM
** L0,    Gc    E     v     thickness,    k
   0.1, 5E-3, 210, 0.3,      1.0,        1E-8
*****************************************************************
*End Instance
**
*Nset, nset=BOTTOM-RIGHT, instance=Part-1-1
 2,
```

```
*Nset, nset=BOTTOM-LEFT, instance=Part-1-1
 1,
*Nset, nset=TOP-LEFT, instance=Part-1-1
 3,
*Nset, nset=TOP-RIGHT, instance=Part-1-1
 4,
*End Assembly
** ----------------------------------------------------------------
**
** STEP: Step-1
**
*Step, name=Step-1, nlgeom=NO,extrapolation=NO, inc=1000
*Static
1e-3, 1., 1e-5, 1e-3
**
** BOUNDARY CONDITIONS
**
** Name: BC1 Type: Displacement/Rotation
*Boundary
BOTTOM-LEFT, 1, 1
BOTTOM-LEFT, 2, 2
** Name: BC2 Type: Displacement/Rotation
*Boundary
BOTTOM-RIGHT, 1, 1
BOTTOM-RIGHT, 2, 2
** Name: BC3 Type: Displacement/Rotation
*Boundary
TOP-LEFT, 1, 1
TOP-LEFT, 2, 2, 0.1
** Name: BC4 Type: Displacement/Rotation
*Boundary
TOP-RIGHT, 1, 1
TOP-RIGHT, 2, 2, 0.1
**
** OUTPUT REQUESTS
**
*Restart, write, frequency=0
**
** FIELD OUTPUT: F-Output-1
**
```

```
*Output, field, variable=PRESELECT
**
** HISTORY OUTPUT: H-Output-1
**
*Output, history, variable=PRESELECT
*End Step
```

## 8.3　内聚力相场模型编程及代码

仍然使用 8.2 节自定义的矩形 UEL 子单元, 区别是这里使用七个输入变量, 由于描述内聚力模型增加的内聚力强度, 因此相应多出一个参数。由于内聚力相场模型和脆性断裂相场模型十分相似, 主要的区别仅仅是内聚力相场中的退化函数和几何函数的形式不一样, 具体内容可参见第 3、4 章, 而有限元列式几乎是一样的, 因此这里我们不再赘述。读者可将下文所附的二次开发程序内容存储到 test.f90 文件中, 将下文所附的 inp 文件存储到 test.inp 文件中, 即可在 ABAQUS 二次开发环境下运行模拟。

**内聚力相场法 ABAQUS 二次开发程序:**

```
! 本程序所对应的理论参见第3章;
! 版权所有, 大连理工大学, 力学系, 胡小飞等;
! 本书《断裂相场法》作者为胡小飞等;
!可参考的相关论文:
! Bui TQ, Hu XF(*). A review of phase-field models, fundamentals and their
  applications to composite
! laminates. Engineering Fracture Mechanics, 2021, 107705.
! Hu XF, Zhang P, Yao WA(*). Phase field modelling of microscopic failure
! in composite laminates. Journal of Composite Materials, 2020:
  0021998320976794.
! Zhang P, Hu XF(*), Yao WA, Bui TQ. An explicit phase field model for
  progressive tensile failure of
! composites. Engineering Fracture Mechanics, 2020, 107371.
! Zhang P, Yao WA, Hu XF (*), Zhuang XY. Phase field modelling of progressive
  failure in composites
! combined with cohesive element with an explicit scheme. Composite
  Structures, 2020, 113353.
! Zhang P, Yao W, Hu XF(*), Bui, TQ. 3D micromechanical progressive failure
  simulation for fiber-
! reinforced composites. Composite Structures, 2020: 112534.
! Zhang P, Feng YQ, Bui TQ, Hu XF(*), Yao WA. Modelling Distinct Failure
```

Mechanisms in Composite
! Materials by a Combined Phase Field Method. Composite Structures, 2020:
  111551.
! Zhang P, Hu XF(*), Bui TQ, Yao WA, Phase field modeling of fracture in
  fiber reinforced composite
! laminate, International Journal of Mechanical Science, 2019, 161-162:
  105008.
! Zhang P, Hu XF(*), Yang S, Yao WA. Modelling Progressive Failure in
  Multi-Phase Materials Using A
! Phase Field Method. Engineering Fracture Mechanics, 2019, 209: 105-124.
! Zhang P, Hu XF(*), Wang XY, Yao WA. An iteration scheme for phase field
  model for cohesive fracture
! and its implementation in Abaqus. Engineering Fracture Mechanics, 2018, 204:
  268-287.
! Hu XF, Huang X, Yao WA, Zhang P. Precise integration explicit phase
  field method for dynamic brittle
! fracture. Mechanics Research Communications, 2021, 113: 103698.

```fortran
      SUBROUTINE UEL(RHS,AMATRX,SVARS,ENERGY,NDOFEL,NRHS,NSVARS,
     1     PROPS,NPROPS,COORDS,MCRD,NNODE,U,DU,V,A,JTYPE,TIME,DTIME,
     2     KSTEP,KINC,JELEM,PARAMS,NDLOAD,JDLTYP,ADLMAG,PREDEF,
     3     NPREDF,LFLAGS,MLVARX,DDLMAG,MDLOAD,PNEWDT,JPROPS,NJPROP,
     4     PERIOD)
      INCLUDE 'ABA_PARAM.INC'

      REAL(8)::ZERO=0.D0,ONE=1.D0,TWO=2.D0,HALF=0.5D0
      INTEGER NSVARS,NRHS,NDOFEL,MDLOAD,MLVARX,NPREDF,MCRD,NPROPS,NNODE,
     1 JTYPE,KINC,NDLOAD,NJPROP
      REAL(8) SVARS(NSVARS),ENERGY(8),PROPS(NPROPS),
     1 COORDS(MCRD,NNODE),U(NDOFEL),DU(MLVARX,1),V(NDOFEL),A(NDOFEL),
     2 TIME(2),PARAMS(3),JDLTYP(MDLOAD,*),ADLMAG(MDLOAD,*),
     3 DDLMAG(MDLOAD,*),PREDEF(2,NPREDF,NNODE),LFLAGS(*),JPROPS(*),
     4 AMATRX(NDOFEL,NDOFEL),RHS(MLVARX,1),DTIME,PNEWDT,PERIOD
      INTEGER JELEM
      INTEGER i,j,l,k,ipt
      REAL(8) xi, eta                 ! 局部坐标
      REAL(8) GAUSS(NNODE,2),WEIGHT(NNODE)! 高斯点和权重
      REAL(8) det_J                   ! 雅可比行列式
      REAL(8) Np(1,4),Np_T(4,1)       ! [N1 N2 N3 N4]
      REAL(8) Bp(2,4),Bp_T(4,2)       ! 相场B矩阵
      REAL(8) Bu(3,2*NNODE),Bu_T(8,3)    ! 应变位移矩阵
```

```
      REAL(8) dP(2,1)                    ! 相场梯度向量
      REAL(8) CMAT(3,3)                    ! 弹性系数矩阵
      REAL(8) UU(8)                      ! 位移自由度
      REAL(8) PHI(NNODE,1)                 ! 相场自由度
      REAL(8) STRAIN(3,1),STRESS(3,1)     ! 应变、应力向量
      REAL(8) PHASE                        ! 积分点处的相场值
      REAL(8) Ru(2*NNODE)                   ! 位移场右端项
      REAL(8) Rp(NNODE)                     ! 相场右端项
      REAL(8) Kuu(8,8)                   ! 位移刚度矩阵
      REAL(8) Kpp(4,4)                    ! 相场刚度矩阵
      REAL(8) ENG,HIST                       ! 应变能和历史变量
      REAL(8) lb, Gf, EMOD, ENU, THCK    ! 材料参数
      ! 矩阵计算中间变量
      REAL(8) Kuu11(8,3),Kuu12(8,8),Kuu1(8,8)
      REAL(8) Kpp1(4,4),Kpp11(4,4),Kpp21(4,2),Kpp22(4,4)
      REAL(8) Rp11(4,1)
      ! 退化函数，裂纹几何函数及其导数
      REAL(8) omega, domega, ddomega, dalpha, ddalpha, c0
      REAL(8) omega0,domega0,ddomega0,dalpha0,ddalpha0,PHASE0
!变量初始化，清零
      dNdx=0.d0; det_J=0.d0; UU=0.d0; PHI=0.d0; ENG=0.d0
      Np=0.d0; Np_T=0.d0; Bp=0.d0; Bp_T=0.d0; Bu=0.d0; Bu_T=0.d0
      dP=0.d0; CMAT=0.d0; CMAT1=0.d0; STRESS=0.d0; STRAIN=0.d0;
      PHASE=0.d0; Ru=0.d0; Rp=0.d0;AMATRX=0.d0; Kuu=0.d0; Kpp=0.d0;
      RHS=0.d0; STRAIN_=0.d0; STRESS_=0.d0; A2=0.d0;Kuu11=0.d0;
      Kuu12=0.d0; Kuu1=0.d0; omega=0.d0; domega=0.d0; ddomega=0.d0
      dalpha=0.d0; ddalpha=0.d0; omega0=0.d0; domega0=0.d0;
      ddomega0=0.d0; dalpha0=0.d0; ddalpha0=0.d0; PHASE0=0.d0
      Kpp1=0.d0;Kpp11=0.d0; Kpp21=0.d0; Kpp22=0.d0; Rp11=0.d0
      T1=0.d0; T2=0.d0; T2_T=0.d0; HIST=0.d0; theta=0.d0
!以下部分变量由用户在inp文件中定义，ABAQUS自行读取并赋值
      lb  =PROPS(1)
      Gf  =PROPS(2)
      EMOD  =PROPS(3)
      ENU  =PROPS(4)
      THCK  =PROPS(5)
!材料弹性属性定义
      CMAT(1,1)=EMOD/(1-ENU**TWO)
      CMAT(2,2)=EMOD/(1-ENU**TWO)
      CMAT(3,3)=EMOD/(TWO*(ONE+ENU))
```

```
        CMAT(1,2)=EMOD/(1-ENU**TWO)*ENU
        CMAT(2,1)=EMOD/(1-ENU**TWO)*ENU
!UEL输入的节点位移和相场值
        DO i =1,NNODE
            UU(2*i-1)=U(3*i-2); UU(2*i)=U(3*i-1)
            PHI(i,1)=U(3*i)
        END DO
        GAUSS(1,1)=-0.577350269189626; GAUSS(1,2)=-0.577350269189626
        GAUSS(2,1)= 0.577350269189626; GAUSS(2,2)=-0.577350269189626
        GAUSS(3,1)= 0.577350269189626; GAUSS(3,2)= 0.577350269189626
        GAUSS(4,1)=-0.577350269189626; GAUSS(4,2)= 0.577350269189626
        WEIGHT=ONE
        c0=3.1415926535897932384626433832795028841971693993751d0
!开始计算刚度阵，沿高斯点循环
        LOOP_IPT :DO ipt=1,4
            xi  = GAUSS(ipt,1); eta = GAUSS(ipt,2)
            CALL BASIC_MATRX(Np,Bu,Bp,det_J,xi,eta,COORDS)
!计算积分点相场值及梯度
            PHASE=0.d0; dP=0.d0
            DO i=1,NNODE
                PHASE=PHASE+Np(1,i)*PHI(i,1)
                DO j=1,2
                    dP(j,1)=dP(j,1)+Bp(j,i)*PHI(i,1)
                END DO
            END DO
!计算积分点应变
            DO i=1,3
                STRAIN(i,1)=0.d0
                DO j=1,2*NNODE
                    STRAIN(i,1)=STRAIN(i,1)+Bu(i,j)*UU(j)
                END DO
            END DO
            CALL UMATMUL(CMAT,STRAIN,STRESS,3,1,3)
!计算积分点应变能密度
            CALL CAL_ENERGY_PLUS(ENG,STRAIN,EMOD,ENU)
            SVARS(2*(ipt-1)+1)=ENG
            IF (SVARS(2*(ipt-1)+1).GT.SVARS(2*(ipt-1)+2)) THEN
                HIST=SVARS(2*(ipt-1)+1)
            ELSE
                HIST=SVARS(2*(ipt-1)+2)
```

```
          END IF
          dalpha0  =   2.D0
          ddalpha0 =  -2.D0
          PHASE0   =  ZERO
!计算退化函数
          CALL DEGRADFUNC(omega0,domega0,ddomega0,PHASE0,PROPS,c0)
!更新历史变量并存入SVARS中
          IF (HIST<-2.d0*Gf/c0/lb/dOMEGA0) THEN
              HIST=-2.d0*Gf/c0/lb/dOMEGA0
          END IF
          SVARS(2*(ipt-1)+2)=HIST
          dalpha  =   2.D0-2.D0*PHASE
          ddalpha =  -2.D0
!计算退化函数
          CALL DEGRADFUNC(omega,domega,ddomega,PHASE,PROPS,c0)
          CALL UTRANSPOSE(Bu,Bu_T,3,8)
          CALL UMATMUL(Bu_T,CMAT,Kuu11,8,3,3)
          CALL UMATMUL(Kuu11,Bu,Kuu12,8,8,3)
!计算刚度阵
          Kuu1 = omega*Kuu12*det_J*WEIGHT(ipt)*THCK
          Kuu = Kuu+Kuu1
          CALL UTRANSPOSE(Np,Np_T,1,4)
          CALL UTRANSPOSE(Bp,Bp_T,2,4)
          CALL UMATMUL(Np_T,Np,Kpp11,4,4,1)
          CALL UMATMUL(Bp_T, Bp,Kpp22,4,4,2)
          Kpp1 = ( (Gf/c0*ddalpha/lb+ddomega*HIST)*Kpp11 +
     1        Gf/c0*2*lb*Kpp22 )*det_J*WEIGHT(ipt)*THCK
          Kpp = Kpp+Kpp1
!计算右端向量
          DO i=1,2*NNODE
              DO j=1,2*NNODE
                  Ru(i)=Ru(i)-Kuu1(i,j)*UU(j)
              END DO
          END DO
          CALL UMATMUL(Bp_T,dP,Rp11,4,1,2)
          DO i=1,NNODE
              Rp(i)=Rp(i)-( Gf/c0*2*lb*Rp11(i,1)+
     1        Np_T(i,1)*(Gf/c0*dalpha/lb+domega*HIST) )*
     2                                WEIGHT(ipt)*det_J*THCK
          END DO
```

```
        END DO LOOP_IPT
!将相场和位移场刚度阵存入单元刚度阵中
     DO i=1,4
        DO j=1,4
            AMATRX(3*i-2,3*j-2) =Kuu(2*i-1,2*j-1)
            AMATRX(3*i-1,3*j-2) =Kuu(2*i,2*j-1)
            AMATRX(3*i-2,3*j-1) =Kuu(2*i-1,2*j)
            AMATRX(3*i-1,3*j-1) =Kuu(2*i,2*j)
            AMATRX(3*i,3*j)     =Kpp(i,j)
        END DO
     END DO
!将相场和位移场右端向量存入单元刚度阵中
     DO i=1,NNODE
        RHS(3*i-2,1)=Ru(2*i-1)
        RHS(3*i-1,1)=Ru(2*i)
        RHS(3*i,1)  =Rp(i)
     END DO
     END SUBROUTINE UEL
!子程序,用于有限元基本矩阵的计算
     SUBROUTINE BASIC_MATRX(N,Bu,Bp,det_J,xi,eta,COORDS)
     IMPLICIT NONE
     INTEGER i,j
     REAL(8) N(1,4),dNdx(2,4),dNdxi(2,4),COORDS(2,4)
     REAL(8) JACOBI(2,2),INV_JACOBI(2,2), det_J
     REAL(8) Bu(3,8),Bp(2,4)
     REAL(8) xi,eta
     REAL,PARAMETER::ZERO=0.D0,ONE=1.D0,MONE=-1.D0,FOUR=4.D0
     N=0.d0; dNdx=0.d0; dNdxi=0.d0; JACOBI=0.d0
     INV_JACOBI=0.d0; det_J=0.d0; Bu=0.d0; Bp=0.d0
     N(1,1) = ONE/FOUR*(ONE-xi)*(ONE-eta)
     N(1,2) = ONE/FOUR*(ONE+xi)*(ONE-eta)
     N(1,3) = ONE/FOUR*(ONE+xi)*(ONE+eta)
     N(1,4) = ONE/FOUR*(ONE-xi)*(ONE+eta)
     dNdxi(1,1) = ONE/FOUR*(MONE+eta)
     dNdxi(1,2) = ONE/FOUR*(ONE-eta)
     dNdxi(1,3) = ONE/FOUR*(ONE+eta)
     dNdxi(1,4) = ONE/FOUR*(MONE*ONE-eta)
     dNdxi(2,1) = ONE/FOUR*(MONE*ONE+xi)
     dNdxi(2,2) = ONE/FOUR*(MONE*ONE-xi)
     dNdxi(2,3) = ONE/FOUR*(ONE+xi)
```

```
        dNdxi(2,4) = ONE/FOUR*(ONE-xi)
        DO j=1,4
            JACOBI(1,1)=JACOBI(1,1)+dNdxi(1,j)*COORDS(1,j)
            JACOBI(1,2)=JACOBI(1,2)+dNdxi(1,j)*COORDS(2,j)
            JACOBI(2,1)=JACOBI(2,1)+dNdxi(2,j)*COORDS(1,j)
            JACOBI(2,2)=JACOBI(2,2)+dNdxi(2,j)*COORDS(2,j)
        END DO
        det_J=JACOBI(1,1)*JACOBI(2,2)-JACOBI(1,2)*JACOBI(2,1)
        INV_JACOBI(1,1)= JACOBI(2,2)/det_J
        INV_JACOBI(1,2)=-JACOBI(1,2)/det_J
        INV_JACOBI(2,1)=-JACOBI(2,1)/det_J
        INV_JACOBI(2,2)= JACOBI(1,1)/det_J
        CALL UMATMUL(INV_JACOBI,dNdxi,dNdx,2,4,2)
        DO i=1,4
            Bp(1,i)=dNdx(1,i);        Bp(2,i)=dNdx(2,i)
            Bu(1,i*2-1)=dNdx(1,i);    Bu(2,i*2)  =dNdx(2,i)
            Bu(3,i*2-1)=dNdx(2,i);    Bu(3,i*2)  =dNdx(1,i)
        END DO
        END SUBROUTINE BASIC_MATRX
!子程序,用于能量分解
        SUBROUTINE CAL_ENERGY_PLUS(PSI_PLUS,STRAIN,E,NU)
        IMPLICIT NONE
        REAL(8) PSI_PLUS
        REAL(8) STRAIN(3,1), epsilon_x, epsilon_y, gamma ,p ,r
        REAL(8) E, NU, LAMBDA, MU
        REAL(8) epsilon1, epsilon2, trace
        REAL(8) epsilon1_plus,epsilon2_plus, trace_plus
        LAMBDA = E*NU/(1-NU**2)
        !LAMBDA = E*(1-NU)/((1+NU)*(1-2*NU))
        MU=E/(2.d0*(1.d0+NU))
        epsilon_x=STRAIN(1,1);  epsilon_y=STRAIN(2,1)
        gamma=STRAIN(3,1)
        p=(epsilon_x+epsilon_y)/2.d0
        r=sqrt(((epsilon_x-epsilon_y)/2.d0)**2.d0+(gamma/2.d0)**2.d0)
        epsilon1=p+r;  epsilon2=p-r
        trace = epsilon1+epsilon2
        CALL Macaulay(epsilon1,epsilon1_plus)
        CALL Macaulay(epsilon2,epsilon2_plus)
        CALL Macaulay(trace,trace_plus)
        PSI_PLUS=0.5*LAMBDA*trace_plus**2.d0
```

```
    1    +MU*(epsilon1_plus**2.d0 + epsilon2_plus**2.d0)
        END SUBROUTINE CAL_ENERGY_PLUS
!子程序，用于退化函数的计算
        SUBROUTINE DEGRADFUNC(OMEGA,dOMEGA,ddOMEGA,pf,PROPS,c0)
        IMPLICIT NONE
        REAL(8):: OMEGA, dOMEGA, ddOMEGA, pf, PROPS(7), c0
        REAL(8):: g, dg, ddg, fai, dfai, ddfai, E, Gf, ft, lb
        REAL(8):: p, a1, a2, a3
        E=PROPS(3); Gf=PROPS(2); ft=PROPS(7); lb=PROPS(1)
        a1=4.d0/(c0*lb)*E*Gf/(ft*ft)
        a2=1.3868d0;  p=2.d0
        a3=0.6567d0;
        g=(1.d0-pf)**p; dg=-p*(1.d0-pf)**(p-1.d0);
        ddg=p*(p-1.d0)*(1.d0-pf)**(p-2.d0)
        fai=g+a1*pf+a1*a2*pf**2.d0+a1*a2*a3*pf**3.d0
        dfai=dg+a1+2.d0*a1*a2*pf+3.d0*a1*a2*a3*pf**2.d0
        ddfai=ddg+2.d0*a1*a2+6.d0*a1*a2*a3*pf
        omega=g/fai
        domega=(dg*fai-g*dfai)/(fai**2.d0)
        ddomega=((ddg*fai-g*ddfai)*fai-2.d0*(dg*fai-g*dfai)*dfai)
     &         /(fai**3.d0)
        END SUBROUTINE degradfunc
!Macaulay符号
        SUBROUTINE Macaulay(x,y)
        IMPLICIT NONE
        REAL(8) x,y
        y=0.5*(DABS(x)+x)
        END SUBROUTINE Macaulay
!矩阵运算
        SUBROUTINE UMATMUL(A,B,C,m,n,l)
        IMPLICIT NONE
        INTEGER i,j,k,m,n,l
        REAL(8) A(m,l),B(l,n),C(m,n)
        DO i=1,m
          DO j=1,n
              C(i,j)=0.d0
              DO k=1,l
                  C(i,j)=C(i,j)+A(i,k)*B(k,j)
              END DO
          END DO
```

```
      END DO
      END SUBROUTINE UMATMUL
!矩阵运算
      SUBROUTINE UTRANSPOSE(A,A_T,m,n)
      IMPLICIT NONE
      INTEGER i,j,m,n
      REAL(8) A(m,n),A_T(n,m)
      DO i=1,m
          DO j=1,n
              A_T(j,i)=A(i,j)
          END DO
      END DO
      END SUBROUTINE UTRANSPOSE
```

## 内聚力相场法 ABAQUS 的 inp 文件：

```
*Heading
** Job name: one element Model name: Model-1
** Generated by: Abaqus/CAE 6.14-1
*Preprint, echo=NO, model=NO, history=NO, contact=NO
**
** PARTS
**
*Part, name=Part-1
*End Part
**
**
** ASSEMBLY
**
*Assembly, name=Assembly
**
*Instance, name=Part-1-1, part=Part-1
*Node
      1,          0.,          0.
      2,          1.,          0.
      3,          0.,          1.
      4,          1.,          1.
*************************************************************
*User element, nodes=4, type=U1, properties=7, coordinates=2, VARIABLES=8
1, 2, 11
*************************************************************
```

```
*Element, type=U1
1, 1, 2, 4, 3
*Elset, elset=ALLELEM, internal
 1,
******************************************************************
**定义用户单元的材料属性
*Uel property, elset=ALLELEM
** L0,    Gc    E      v     thickness,     k,    ft
  0.1, 5E-3, 210, 0.3,     1.0,         1E-8,1.0
******************************************************************
*End Instance
**
*Nset, nset=BOTTOM-RIGHT, instance=Part-1-1
 2,
*Nset, nset=BOTTOM-LEFT, instance=Part-1-1
 1,
*Nset, nset=TOP-LEFT, instance=Part-1-1
 3,
*Nset, nset=TOP-RIGHT, instance=Part-1-1
 4,
*End Assembly
** ----------------------------------------------------------------
**
** STEP: Step-1
**
*Step, name=Step-1, nlgeom=NO,extrapolation=NO, inc=100000
*Static,direct
5e-4, 1.
**
** BOUNDARY CONDITIONS
**
** Name: BC1 Type: Displacement/Rotation
*Boundary
BOTTOM-LEFT, 1, 1
BOTTOM-LEFT, 2, 2
** Name: BC2 Type: Displacement/Rotation
*Boundary
BOTTOM-RIGHT, 1, 1
BOTTOM-RIGHT, 2, 2
** Name: BC3 Type: Displacement/Rotation
```

```
*Boundary
TOP-LEFT, 1, 1
TOP-LEFT, 2, 2, 1
** Name: BC4 Type: Displacement/Rotation
*Boundary
TOP-RIGHT, 1, 1
TOP-RIGHT, 2, 2, 0.02
**
** OUTPUT REQUESTS
**
*Restart, write, frequency=0
**
** FIELD OUTPUT: F-Output-1
**
*Output, field, variable=PRESELECT,number interval =1000
**
** HISTORY OUTPUT: H-Output-1
**
*Output, history, variable=PRESELECT,number interval=1000
*End Step
```

# 参 考 文 献

[1] Zhang P, Hu X F, Wang X, Yao W A. An iteration scheme for phase field model for cohesive fracture and its implementation in Abaqus. Engineering Fracture Mechanics, 2018, 204: 268-287.

[2] Bui T Q, Hu X F. A review of phase-field models, fundamentals and their applications to composite laminates. Engineering Fracture Mechanics, 2021: 107705.